东方蜜蜂和西方蜜蜂的毒理学特性比较研究

Comparative research on toxicological characters between *Apis cerana* and *Apis mellifera*

刁青云　著

中国农业出版社

图书在版编目（CIP）数据

东方蜜蜂和西方蜜蜂的毒理学特性比较研究/刁青云著．—北京：中国农业出版社，2017.11
ISBN 978-7-109-23361-4

Ⅰ.①东… Ⅱ.①刁… Ⅲ.①东方蜜蜂－蜂毒－毒理学－研究②意大利蜂－蜂毒－毒理学－研究 Ⅳ.①S896.5

中国版本图书馆 CIP 数据核字（2017）第 227550 号

中国农业出版社出版
（北京市朝阳区麦子店街 18 号楼）
（邮政编码100125）
责任编辑 黄 宇 李 蕊

中国农业出版社印刷厂印刷 新华书店北京发行所发行
2017 年 11 月第 1 版 2017 年 11 月北京第 1 次印刷

开本：880mm×1230mm 1/32 印张：4
字数：100 千字
定价：30.00 元
（凡本版图书出现印刷、装订错误，请向出版社发行部调换）

本书得到国家蜂产业技术体系
首席科学家经费资助

作者简历

刁青云

女　中共党员

中国农业科学院蜜蜂研究所蜜蜂病虫害生物学创新团队首席科学家

出生年月：1971 年 7 月

教育背景：2003—2006 中国农业大学农学与生物技术
　　　　　学院　农业昆虫与害虫防治专业/昆虫毒理
　　　　　学/农学博士
　　　　　1995—1998 中国农业大学昆虫系　昆虫学
　　　　　专业/理学硕士
　　　　　1990—1994 北京农业大学植物保护系

发表论文 140 篇，其中第一作者（通讯作者）132
篇，SCI 论文 13 篇，核心期刊论文 26 篇，国际会议论文
11 篇，报刊文章 3 篇。

制定标准 2 个。获得软件著作权 4 项，专利 14 个。

取得成果 5 项，其中获奖成果 4 项。

出版著作 23 部，其中主编书籍 9 部。

摘　要

本书从羧酸酯酶（CarE）测定方法、解毒酶体躯和亚细胞分布、发育期变化规律、化学农药毒力测定及亚致死剂量化学农药对东方蜜蜂（*Apis cerana*）和西方蜜蜂（*Apis mellifera*）解毒酶影响等方面进行了系统的比较研究，以期为蜜蜂保护，尤其是中蜂保护提供依据。实验结果如下：

1. 以 α-乙酸萘酯为底物，采用正交方法确定了西方蜜蜂 CarE 活性测定最佳条件为酶终浓度 0.3 个腹部/mL、底物终浓度 4×10^{-4} mmol/L、pH 7.0、温度 35℃、时间 10min。

2. 比较研究了两种蜜蜂成年工蜂解毒酶体躯和亚细胞分布。头部是蜜蜂乙酰胆碱酯酶（AchE）活性最高部位，在细胞内活性主要集中在线粒体层。CarE 主要集中在腹部，在细胞内主要存在于细胞液中。谷胱甘肽硫转移酶（GST）活性主要集中于中肠，在细胞中主要位于细胞液中。但不同蜂种不同组织的不同亚细胞层比例不同。东、西方蜜蜂各躯段 CarE 与底物亲和力不同。

3. 从幼虫到成虫，GST 和 CarE 活性存在显著差异，AchE 活性差异不显著。东方蜜蜂 AchE 和 GST 活性随着发育呈增加趋势，西方蜜蜂工蜂体内 AchE 活性呈减少趋势。

东方蜜蜂除蛹期 AchE 活性显著高于西方蜜蜂外，其他发育期 AchE 和 GST 活性低于西方蜜蜂，CarE 活性则高于西方蜜蜂（α-NA 为底物）。不同发育阶段东、西方蜜蜂 CarE 底物特异性不同。西方蜜蜂雄蜂幼虫和蛹解毒酶活性高于工蜂。

4. 西方蜜蜂成年工蜂解毒酶活性随日龄变化。21 日龄时 GST 活性显著升高。

5. 解毒酶活性在蜂种间存在显著差异。意大利蜂 AchE 活性最高，高加索蜂 GST 活性最高。以 α-NA 为底物时，蜂种间 CarE 差异不显著。以 β-NA 为底物时，卡尼鄂拉蜂 CarE 活性最高。不同蜂种以 β-NA 为底物时 CarE 活性均高于以 α-NA 为底物活性。

6. 对于 5 种化学药剂，东方蜜蜂比西方蜜蜂更敏感。亚致死剂量 5 种化学药剂在 24h 内对东、西方蜜蜂解毒酶作用不同。农药对东方蜜蜂 CarE、AchE(马拉硫磷除外)的影响大于西方蜜蜂，而对 GST 的影响则是西方蜜蜂大于东方蜜蜂(双甲脒除外)。

7. 甲氰菊酯、灭多威和马拉硫磷能诱导东方蜜蜂 AchE 活性增加，降低西方蜜蜂 AchE 活性。氟胺氰菊酯诱导西方蜜蜂 AchE 活性增加，抑制东方蜜蜂 AchE 活性增加。双甲脒能诱导东方蜜蜂 AchE，对西方蜜蜂影响不大。5 种农药均可以诱导东方蜜蜂腹部 CarE 增加，其中氟胺氰菊酯是先诱导再抑制。5 种化学农药均抑制西方蜜蜂体内 CarE 生成。除灭多威外的 4 种化学药剂均抑制西方蜜蜂 GST 活性，灭多威在使用中期（4～8h，16h）诱导 GST 活性增加，其他时间 GST 活性均受到抑制。对东方蜜蜂而言，甲氰菊酯、灭多威能抑制 GST 活性；双甲脒诱导 GST；马拉硫磷和氟胺氰菊酯先抑制再诱导。

关键词：东方蜜蜂 西方蜜蜂 农药 解毒酶 亚致死剂量

Abstracts

Apis cerana and *Apis mellifera* were two main honey bee species in China. The measurable system of carboxylesterase, tissue and subcelluar distributions of detoxical enzymes, developmental characteristic of three detoxical enzymes were comparatively determined in the two honey bee species. The toxicity of five pesticides to two honey bee species were comparatively studied too. The effects of sublethal dose of five pesticides to the detoxical enzymes in two honeybee species were determined.

The results were as followed:

1. The most fit measuration system of CarE in *A. mellifera* with concentration of enzymes, substrate, action time, action temperature and pH as five factors was determined to using α-NA as substrate. The best action system was as followed: the final concentration of enzyme was 0.3 abdomen/mL, the final concentration of substrate was 4×10^{-4} mmol/L, the value of pH of buffer was 7.0, the action temperature was 35 ℃, and the action time was 10 min.

2. The tissue and subcelluar distributions of detoxical enzymes in adult worker bee between *A. mellifera* and *A. cerana* were examined. Highest activity of AchE was found in the head of two honeybee species, significantly higher than that

in the thorax and abdomen. The AchE activity was focused in the mitochondrion in the cell. Abdomen was the main tissue that had the highest CarE activity. Highest activity was measured in the supernatant. The percentage of supernatant activity in the whole subcelluar activity was 63.79% and 75.06% in *A. cerana* and *A. mellifera*. Highest activity of GST was measured in the midgut in two honey bee species. The supernatant had the highest activity in the cell. The percentage of every detoxical enzyme in different tissue and subcelluar distribution was different in two honeybee species. The affinity of different tissue to substrates was different in the two species.

3. The change of detoxical enzymes activity was measured in the developmental stages. From larval to adult, the significant difference was found in the activities of GST and CarE in *A. cerana* and *A. mellifera*. No significant changes were found of AchE. The activity of AchE and GST increased with the development of *A. cerana*, while the activity of AchE in *A. mellifera* decreased.

The activity of AchE and GST in the different developmental stage of *A. cerana* was higher than that in *A. mellifera*, except that the activity in the pupae of *A. cerana* was higher than that in *A. mellifera*. The affinity of CarE to substrates was different in different stage of *A. cerana* and *A. mellifera*. The specific activity of AchE、CarE and GST in the drone was higher than that in workerbee.

4. The results of activity of detoxical enzymes in *A. mellifera* showed that age affected the activity. The activity

of detoxical enzymes fluctuated during the span of adult workerbee. The activity of AchE had more changes than CarE. The apex of activity of GST was found in 21 old-day of adult workerbee.

5. The significant difference of activity was measured in the different species. *A. mellifera* from Australia had the highest AchE of 51. 227μmol/ (min • mg) . The highest GST activity was found in *A. mellifera caucasica*.

No significant difference was found in the activity of CarE among six species when α-NA as substrate. When β-NA as substrate, *A. mellifera caucasica* had the highest CarE and significant difference was found in different species. The activity of CarE was higher when β-NA as substrate than that of α-NA.

6. *A. cerana* was more susceptible than *A. mellifera* to five pesticides. The functions and effects of sublethal dose of five pesiticdes to *A. cerana* and *A. mellifera* were different during 24 hours. There were more changes of CarE and AchE activity that were effected by five pesticides (except malathion) in *A. cerana* than in *A. mellifera*. More changes of GST were measured in *A. mellifera* than in *A. cerana* (except amitraz) .

7. Fenpropathrin, methomyl and malathion induced AchE in *A. cerana* and inhibited AchE in *A. mellifera*. Tau-fluvalinate could induce AchE in *A. mellifera* and inhibited AchE *A. cerana*. Amitraz induced more AchE in *A. cerana* and had little function to *A. mellifera*.

Five pesticides could induce more CarE production in *A. cerana* , among five pesticides, tau-fluvalinate inhibited CarE after inducing. CarE activities were inhibited by five pesticides in *A. mellifera*.

Five pesticides except methomyl could inhibit GST in *A. mellifera*. Methomyl induced GST higher at 16h and from 4h to 8h.

For *A. cerana*, fenpropathrin and methomyl could inhibit GST of the abdomen. Amitraz could induce GST activity. Malathion and tau-fluvalinate induced GST after inhibition.

Key words: *Apis cerana*，*Apis mellifera*，pesticide，detoxical enzyme，sublethal dose

目　　录

第一章 引　言

1　蜜蜂在农业中的地位

蜜蜂在农业生产中扮演了重要的角色，一方面为人类提供保健功能极佳的蜂产品；另一方面，蜜蜂作为自然界最主要的授粉昆虫，通过对农作物的授粉作用，使得农作物的产量增加，品质改善，不但是生物链上不可缺少的重要环节，而且在现代农业中仍是不可替代的作物授粉者。蜜蜂也是研究昆虫学习行为的模式昆虫。

1.1　蜜蜂在农业增产中的重要作用

世界上与人类食品密切相关的作物超过 1/3 属虫媒植物，需要进行授粉才能繁殖和发展。

蜜蜂分布广泛，自赤道扩展至极圈，遍及全世界的每一个农业区。蜜蜂形态结构特殊，如全身密布绒毛便于花粉的携带，具有食料贮存性、群居性与授粉的专一性，并且可以迁移到任何一个需要授粉的地方。经过人类长期的驯化和饲养管理，蜜蜂已具有高效的授粉作用，加之数量众多，人类还可以训练蜜蜂为特定农作物授粉，而其他昆虫望尘莫及，因此，蜜蜂是人类唯一可以控制的为农作物进行授粉的最理想的授粉者。

世界农业生产实践证明，通过蜜蜂授粉，可使农作物的产量得到不同程度的提高。例如，通过蜜蜂授粉可使荔枝增产313%～417%（吴杰等，2004），温室桃增产41.5%～64.6%（历延芳等，2005），西瓜增产29.3%～32.8%（历延芳等，2006）等。另外，经蜜蜂授粉可以提高牧草及种子蛋白质含量，提高作物种子发芽率等。更为重要的是，蜜蜂授粉可以改善果实和种子品质，提高后代的生活力，因而成为农业增产的有力措施。据美国农业部的统计，由于蜜蜂授粉而增加的产值是养蜂业自身产值的143倍，每年有20亿美元的农作物收入来自蜜蜂授粉（Southwick等，1992）。我国由于疆域广阔，农业集约化和机械化程度低，因而养蜂业为农业增产增收创造的产值还要高于美国。

1.2　蜜蜂在农业可持续发展中的作用

近年来，人口和环境已成为限制我国农业发展的重要因素。养蜂业的发展必然会缓解和改善我国正日趋遭到严重破坏的生态环境，增加农业可持续发展的后劲。首先，我国绝大部分地区处于季风气候区，昼夜温差大，植物品种众多，尤其是存在大量野生的植物（包括农作物）资源。据初步调查，现被蜜蜂采集利用的蜜粉源植物有14 317种，分属于864属，141科，分别占全国被子植物的58.77%、29.32%和48.45%。其中能够生产大宗商品蜜的全国性和区域性主要蜜源植物50多种，主要辅助蜜源植物466种，主要粉源植物24种（徐万林，1992）。

近几十年来，随着近代农业生产的发展，杀虫剂的广泛使用，消灭了大量野生授粉昆虫，许多有利于植物授粉的昆虫连同植物害虫一起被杀虫剂杀死；机械化水平不断提高，除草剂广泛使用，在荒山上开垦农田，土地大面积平整，从而毁灭了大量野生授粉昆虫的巢穴，并改变了其原有的生态环境，一些授粉昆虫数量减少或从此灭绝；农业产业结构的调整，大规模地种植单一作物，花期较短暂，使野生授粉昆虫的生存和繁殖没有持续的食料供给，许多授粉昆虫由于食物欠缺而失去生存的机会，这些都导致自然界野生授粉昆虫数量锐减，而授粉植物的数量却越来越多。如果没有蜜蜂进行高效的授粉，植物（包括农作物）的授粉总量会受到极大的影响，一些植物资源的数量会逐渐减少，特别是野生植物资源的生存发展必然会受到影响，严重的可以导致物种灭绝，进而导致整个植物群落和生态体系改变。

另外，我国是一个生态十分脆弱的国家，现在广泛开展的水土保持、防沙治沙、封山育林、退耕还林工程意义深远。在这些重大工程的实施过程中，如果缺少蜜蜂的授粉，显花类植被的繁育就会受到影响，进而直接影响到工程的实施效果。因此，养蜂业是改善环境、保护生态平衡、增强农业可持续发展的重要保证。

1.3 我国养蜂业在世界的地位

中国自西汉时就开始养蜂，至今已有 2 000 多年的历史。在漫长的岁月里，随着社会生产力的提高和科学技术的进步，逐渐形成了中华蜜蜂的传统养殖方式。直到 20 世纪初，西方现代养蜂生产方法传入中国，特别是中华人民共和国成立后，中国养蜂业得到了飞速的发展。60 年来，无论是蜂群数量还是蜂产品数量都取得了很大的发展。苏联解体后，我国一跃成为世界第一养蜂大国。

我国有蜂农 40 万人，蜂产品加工和贸易企业 400 余家，蜜蜂存养 700 万群，占世界蜂群总数的 1/8；蜂产品产量居世界第一位，其中蜂蜜产量 27 万 t，蜂王浆产量 2 000 多 t，分别占世界总产量的 20% 和 95%。长期以来，蜂产品的出口一直是我国对外出口的优势产品，出口量居世界首位。每年有近一半的蜂产品出口，年创汇超 1 亿美元。其中，蜂王浆出口量居世界首位，占世界贸易量的 90%（闫继红等，2005）。

虽然养蜂业能够为农业增产，可以促进生态环境的可持续发展，但在我国受到诸多因素的限制，其发展仍比较缓慢。其中，化学农药和大蜂螨的危害是限制我国养蜂业快速发展的主要因素。

2　化学农药与蜜蜂

大量事实表明，农药对农业生产的作用是不容置疑的。从不施用农药的自然农业发展到施用农药的现代农业，农药作出了积极贡献。有资料表明，如不施用农药，因受病、虫、草害的损失，人均粮食只可达 1/3。在蜜蜂赖以生存的所有蜜源植物中，相当部分是农业中的种植作物，比如油菜、荞麦、向日葵、果树等，设想如果不施用农药，而用非化学方法来替代，估计由害虫引起的作物损失还要增加 5%。在美国，不施用农药，农作物和畜产品减产 30%，而农产品价格增长 50%～70%。在英国，不施用农药，谷类作物减产 45%，甜菜减产 67%。使用农药带来的收益大体上为农药费用的 4 倍（林玉锁，2000）。显而易见，农药施用给人们带来了巨大的效益，为人类的生存作出了巨大贡献。当然，它对养蜂业的发展也起到了很大的促进作用。因为若没有足够的蜜源植物或各地的栽培无差异时限，蜜蜂的生存就会受到威胁，长途转地即无从谈起，蜂群发展壮大就会成为空中楼阁。另一方面，农药中的杀螨剂在养蜂业防治蜂螨的推广研究中也占有极其重要的地位。它在防治蜂螨、促进养蜂生产、保障养蜂业发展方面确实发挥了重大的作用，对现代养蜂业的发展作出了积极的贡献。农药的使用间接地促进了养蜂业的发展。农药应用于病虫害的防治，蜜蜂用于授粉已成为现代农业的重要组成部分。当今世界必须发展农业，而发展农业则离不开农药，离不开蜜蜂等昆虫传花授粉的重要作用，可以预见，农药将会得到更大的发展。利用蜜蜂为农作物授粉更是设施农业和生态农业与绿色农业的重要组成部分（李旭涛，2001）。

毋庸讳言，任何事情都有相反的一面。由于农药是一类有毒的化学物质，而且是人们主动投加到环境当中，长期大量使用，对环境生物安全和人体健康都将产生较大的不利影响。农药在作物上使用时有可能对蜜蜂造成危害。其危害的途径主要有两种：一是农田喷洒时，药液与蜜蜂直接接触造成危害；二是蜜蜂采蜜时摄入了受药剂污染的花粉和花蜜，其结果不仅危及蜜蜂的安全，还会影响蜂蜜的品质和产量。由于农田施用农药对蜜蜂造成严重的伤害，蜜蜂种群的下降会造成对农作物的严重减产，带来严重的经济后果。另外，农药对蜜蜂等非靶标生物的安全性也成为衡量农药安全性的重要标准。据统计，50%的杀虫剂对蜜蜂是高毒或中毒（Atkins，1975）。由于用药不注意，每年世界各地均有蜜蜂大量死亡事件发生（Atkins，1992）。每年美国仅加利福尼亚州因农药中毒损失的蜜蜂达7万群。近年来，我国蜜蜂农药中毒事件也日益增多。1999年4月，山东薄板台村梨园盛花期喷施对硫磷，导致33群376脾蜜蜂连续大量死亡。2000年春，广西麻垌镇在荔枝树喷氧化乐果，使授粉蜜蜂多次中毒，给蜂农造成十分惨重的损失，同时荔枝也因未充分授粉而歉收。国内有关蜜蜂农药中毒的事件也有很多报道。

2.1 农药对蜜蜂毒性的生物测定

目前，农药对蜜蜂安全性评价合理标准的生物测定方法有以下几种：喂毒法、点滴法、熏蒸法、喷雾塔法等。其中前3种方法经常被采用。联合国粮食及农业组织（FAO）推荐的标准生物测定方法为接触法和喂毒法。这些方法都采用成年工蜂作实验对象。

喂毒法：也称为摄入法，是模拟农田喷药后，蜜蜂取食受污染的花蜜和花粉的情况。具体做法为每天定时定量加入带药剂糖浆，试验所记录数据为48h的结果，每20～30只蜜蜂为一个处理（Stone等，2001）。

点滴法：也称为接触法，是模拟田间喷药时药液与蜜蜂接触，或蜜蜂采蜜时触及受农药污染植株的情况。从蜂箱取得工蜂为试虫，用糖浆喂养，用微量滴管在胸前滴药，处理后立即放回笼中，记录 24h 或 48h 后蜜蜂死亡数（Adony 等，2000）。

熏蒸法：在体积为 40cm×25cm×30cm 的玻璃容器中进行，在直径 9cm 的培养皿中放 10mL 药液，在纱笼里放 30 只蜜蜂，用糖浆饲喂，然后盖上盖子并用凡士林密封，24h 后记录死亡数。

喷雾塔法：采用 Potter-Burgerjones 喷雾塔，将 30 只蜜蜂放入体积为 15cm×20cm×25cm 的钢瓶中，用 1mL 药液，使用压力是 $0.703kg/cm^2$，喷雾 1min 后，放入 1L 塑料笼中，24h 后观察结果（Santigo 等，2000）。

不同生测方法所取得的实验结果存在较大差异，表 1-1 为目前已发表的药剂对蜜蜂的毒力曲线和 LC_{50}。

表 1-1　不同农药对蜜蜂的毒力曲线和 LC_{50}

药剂	处理	毒力曲线	LC_{50} (mg/L)	LD_{50} (μg/只)	参考文献
高效氯氰菊酯	喂毒法	$y=7.453x-0.130$	4.879 ± 0.343	$0.0104\pm 0.00058*$	党建友等，2005a
	点滴法	$y=2.217x+3.283$	5.949 ± 0.332		
	熏蒸法	$y=3.948x-1.231$	36.689 ± 2.587		
高效氯氟氰菊酯	喂毒法	$y=2.578x+3.016$	5.885 ± 0.668	$0.127\pm 0.000553*$	
	点滴法	$y=8.905x-2.660$	7.247 ± 0.305		
	熏蒸法	$y=3.432x+0.1122$	6.552 ± 2.144		
丙溴磷	喂毒法	$y=14.364x-11.376$	22.332 ± 0.613	$0.6980\pm 0.0383*$	
	点滴法	$y=6.268x-11.302$	398.938 ± 21.886		
	熏蒸法	$y=9.563x-19.806$	414.221 ± 11.311		
残杀威	喂毒法	$y=6.785x+0.240$	5.030 ± 0.238	$0.2160\pm 0.0119*$	
	点滴法	$y=8.510x-12.803$	136.312 ± 6.793		
	熏蒸法	$y=5.486x-8.682$	311.889 ± 20.286		

（续）

药剂	处理	毒力曲线	LC_{50}（mg/L）	LD_{50}（μg/只）	参考文献
毒死蜱	喂毒法	$y=5.5270x+9.3477$	0.6406		赵华等，2004；
	点滴法	$y=10.6725x+7.0645$		0.1634	吴声敢等，2004
甲氰菊酯	喂毒法	$y=5.8398x-0.2181$	7.8261		吴声敢等，2004
	点滴法	$y=8.5369+2.7200x$		0.0501	
甲氰菊酯	点滴法	$y=2.8569x-0.1069$	61.32		朱鲁生等，1999
	喂毒法	$y=2.7073x+3.338$	4.11		
辛硫磷	点滴法	$y=4.083x-3.272$	106.21		
	喂毒法	$y=2.1087x+3.4394$	6.928		
0.5%甲氨基阿维菌素苯甲酸盐微乳剂	点滴法	$y=2.29x+3.15$		0.0037	郑明奇等，2005
	喂毒法	$y=3.69x+8.21$	0.14		
1.0%甲氨基阿维菌素苯甲酸盐乳油	点滴法	$y=3.14x+2.33$		0.0041	
	喂毒法	$y=2.55x+5.98$	0.42		
2.5%甲氨基阿维菌素苯甲酸盐水分散粉剂	点滴法	$y=2.22x+3.49$		0.0028	
	喂毒法	$y=1.92x+5.93$	0.86		
1.8%阿维菌素水乳剂	点滴法	$y=2.28x+1.4$		0.0220	陈锐等，1987
	喂毒法	$y=1.30x+4.08$	5.07		
1.8%阿维菌素高氯微乳剂	点滴法	$y=5.57x+1.52$		0.0025	
	喂毒法	$y=2.40x+8.28$	0.043		
5.0%阿维菌素高氯泡腾片剂	点滴法	$y=1.74x+1.29$		0.1400	
	喂毒法	$y=1.63x+3.52$	7.78		
10%阿维菌素哒螨灵微乳剂	点滴法	$y=1.82x+2.82$		0.0092	
	喂毒法	$y=1.56x+5.72$	0.35		
30.3%炔螨特·阿维菌素水乳剂	点滴法	$y=1.98x-0.46$		0.59	
	喂毒法	$y=2.08x+2.45$	16.98		

（续）

药剂	处理	毒力曲线	LC_{50}（mg/L）	LD_{50}（μg/只）	参考文献
1.7%吡虫啉阿维菌素水乳剂	点滴法	$y=2.75x+0.73$		0.02	
	喂毒法	$y=2.84x+4.37$	1.66		
甲基对硫磷	点滴法			0.014	陈锐等，1987
	喂毒法		1.0		
呋喃丹	点滴法			0.044	
	喂毒法		1.0		
γ-666	点滴法			0.42	
	喂毒法		6.2		
甲基对硫磷	点滴法			0.0145	龚瑞忠等，1988
	喂毒法		1.04		
灭幼脲	点滴法			17	
	喂毒法		38 878		
五氯酚钠	点滴法			80.3	倪传华等，1995
	喂毒法		1 469.7		
三唑磷	点滴法			0.058	陈良燕，1998
	喂毒法		1.90		
三唑磷	点滴法	$y=12.3124x+15.697\,2$		0.135 3	吴声敢等，2004
	喂毒法	$y=6.2483x+3.059\,9$	2.044 1		
间苯二酚	喂毒法		65.57		Yu 等，1984
西维因	喂毒法		1.44		
马拉硫磷	喂毒法		4.61		Iwasa 等，2004
氯菊酯	喂毒法		2.28		
啶虫脒	喂毒法			7.07	

（续）

药剂	处理	毒力曲线	LC_{50}（mg/L）	LD_{50}（μg/只）	参考文献
吡虫啉	喂毒法			0.0179	
噻虫啉	喂毒法			14.6	
烯啶虫胺	喂毒法			0.138	Iwasa 等，2004
噻虫胺	喂毒法			0.0218	
呋虫胺	喂毒法			0.0750	
噻虫嗪	喂毒法			0.0299	

* 单位为 mg/只。

由表 1-1 可以看出，不同实验方法所取得的结果差异较大。总体来说，农药对蜜蜂均为喂毒毒性相对较高，熏蒸毒性相对较低。1981 年，FAO 在罗马召开的有关农药登记的环境准则专家协商会议，建议将对蜜蜂的接触毒性值 $LD_{50} > 10\mu$g/只的农药，或在以田间推荐农药用量的两倍，直接喷洒后，蜜蜂死亡率 $< 10\%$ 的农药，可认为是对蜜蜂无危害的安全性农药。Pimentel（1975）根据接触法测得的 LD_{50}，以 mg/L 为单位，将农药对蜜蜂的毒性分为以下 5 个等级：1 级 >100；2 级 $20\sim100$；3 级 $5\sim20$；4 级 $1\sim5$；5 级 <1。Atkins 等将农药对蜜蜂毒性划分为 3 个等级，$LD_{50} = 0.001\sim1.99\mu$g/只，为高毒；$LD_{50} = 2.0\sim10.99\mu$g/只，为中毒；$LD_{50} > 11.0\mu$g/只，为低毒。并相应规定，凡属高毒农药在喷药后数天内，严禁蜜蜂接触；中毒类农药在用药量和喷药时期适当情况下，对蜜蜂无明显危害，但也不能直接接触；低毒类农药即使施药时，蜜蜂也不受任何影响。依据这个标准，Atkins 等（1973）编制了一个较完整的农药对蜜蜂毒性的目录，在 399 种农药中，20% 对蜜蜂是高毒的，15% 是中毒的，而 65% 对蜜蜂相对无毒或无毒。美国在 1950—1973 年在实验室和田间进行了杀虫剂对蜜蜂的毒性研究，并将结果公布出来，指导当地用药（达旦父子公司，1981）。

党建友等（2005b）进一步比较了农药对蜜蜂安全性生物测定方法，充分考虑了各种试验条件对测定结果的影响。通过试验发现前处理、饲喂糖浆浓度、试验器皿、填充物、生物测定方法和点滴法是否加表面活性剂等都对毒力曲线和LC_{50}有明显影响。通过分析和总结得到合理的生物测定方法为：采用降温或不处理作为前处理方法；用50％的糖浆或蜂蜜进行饲喂和喂毒毒性测定；采用大培养皿作为实验器皿，用纱布作填充物。点滴法应在背部或腹部点滴1.5μL药液。研究发现，光照对实验结果影响不大。

Johansen等（1972）研究了DDT剂型对蜜蜂毒性的影响。总体来说，粉剂＞可湿性粉剂＞水剂＞挥发油或可溶性粉剂以及液体＞颗粒。其原因为：与液体相比，粉剂与植物的附着程度不如液体，蜜蜂的体毛极有可能粘上。与可湿性粉剂相比，挥发油更容易粘在植物上，也更有可能被植物组织吸收，因而蜜蜂不太容易粘上。颗粒的尺寸较大，更容易从花上掉下来。

值得注意的是，不同蜂种甚至同一蜂种的不同蜂群在对化学药剂的耐受力方面存在差异。Tahori等（1969）已经报道了蜂群在二嗪农的耐受力方面存在差异；差异主要与蜜蜂体内的多功能氧化酶有关（Smirle等，1987）。Smirle（1990）的研究结果也表明，西方蜜蜂的蜂群在对二嗪磷、残杀威、阿特灵和甲萘威的耐受力上存在种群间的差异。西方蜜蜂蜂群对二嗪磷和残杀威的耐受力与多功能氧化酶和谷胱甘肽硫转移酶的活性呈正相关，对阿特灵的耐受力则与这两个酶呈负相关。

2.2 亚致死剂量杀虫剂对蜜蜂的影响

杀虫剂施用于田间后，除了对害虫产生直接杀死的作用外，随着时间推移，根据药剂部分降解及个体接触药量的差异，对部分昆虫的个体还存在亚致死效应。此剂量虽不足以杀死昆虫，却干扰昆虫正常的行为、生长发育和繁殖。亚致死效应是指受杀虫剂作用后存活的个体在行为、生理和生物学等方面的异常变化。亚致死剂量的杀虫剂对于害虫的抗药性发展有促进作用。Nandihalli 等（1992）发现溴氰菊酯、氯氰菊酯和氰戊菊酯等 3 种菊酯类药剂的亚致死剂量能诱发棉蚜抗药性迅速提高，比推荐使用浓度引起的棉蚜再猖獗现象更为严重。随着环保意识的增强，很多研究工作围绕着杀虫药剂对昆虫的亚致死效应方面展开，包括对害虫及其天敌的生物学、生态行为、生殖力和抗药性多方面的影响等（Perveen，2000；Elzen，2001）。

2.2.1 亚致死剂量杀虫剂对昆虫发育的影响

昆虫在农药的亚致死剂量作用下，能引起发育历期的改变。Liu 和 Stansly（1997）用灭幼宝处理被丽蚜小蜂或革粉虱小蜂寄生的烟粉虱，两种寄生蜂的发育历期均显著延长。Shour 等（1980）用点滴法研究了杀灭菊酯和二氯苯醚菊酯对普通草蛉的影响。结果表明，用 1 000μg/mL 杀灭菊酯处理草蛉后，幼虫化蛹明显受阻，其作用与时间成正比；同样剂量的二氯苯醚菊酯对幼虫无明显的不利影响，但能使雌成虫寿命缩短。高宗仁等（1991）用溴氰菊酯、氧乐果、杀虫脒和三氯杀螨醇等 4 种药剂的亚致死剂量对朱砂叶螨（*Tetranychus cinnabarinus*）连续选择 3 代，发现螨对这 4 种药剂的敏感度均有不同程度的下降，且各发育阶段的历期也有不同程度的缩短。Laceke 等（1989）曾报道用亚致死剂量的氟啶脲、除虫脲和氟铃脲处理甜菜夜蛾 3 龄幼虫，对其繁殖具有抑制作用，幼虫不化蛹或个体不能发育为成虫。虫酰肼和溴虫腈（chlorfenapyr）可明显降低长蝽的繁殖力（Elzen 等，1999）。

朱树勋等（1993）通过室内外试验，发现氟虫脲对蝶蛹金小蜂、菜蛾绒茧蜂以及菜蛾啮小蜂等几种寄生性天敌的个体发育都有一定的影响。此外，杀虫剂还能导致昆虫畸形。1mg/L 的灭幼宝处理丽蚜小蜂蛹后，虽然羽化率可达到 26.5%，但前翅出现畸形的成虫占羽化总虫数的 40%，这些具有非正常翅的丽蚜小蜂的搜寻能力比正常丽蚜小蜂的低（shour 等，1980）。

在引起中华草蛉（*Chrysopa sinia* Jieder）幼虫死亡率 30%左右的选择压力，甲基毒死蜱、氯氟氰菊酯、灭多威对草蛉幼虫生命力的影响很大，能使成虫羽化率明显降低；50mg/L 灭多威处理后，幼虫结茧率仅 34.9%，成虫羽化率为 12.4%（李美等，2003）；亚致死剂量苏云金杆菌蜡螟亚种能使大蜡螟幼虫耗氧量显著降低，呼吸作用减弱，生长受到抑制（申继忠，1993）。

用 $LD_{0.1}$ 溴氰菊酯处理赤眼蜂（*Trichogramma brassicae*）可以显著增加雄蜂对雌蜂信息素的捕捉行为，然而当用同样剂量的药剂处理雌蜂后，雌蜂对雄蜂的信息素反应却显著降低（Delpuech 等，1999）。

2.2.2 亚致死剂量杀虫剂对昆虫行为的影响

亚致死剂量的杀虫剂会改变昆虫的行为，包括取食行为、寄主的搜寻行为、交配行为等，对某些昆虫表现为延缓或减少行为的发生，而对另一些昆虫则表现为刺激或促进行为的发生。

Gu 等（1991）研究了农药抗蚜威、兴棉宝和乐果的亚致死剂量对蚜虫寄生性天敌菜蚜茧蜂（*Diaeretiella rapar*）搜索行为的影响，发现上述 3 种农药的亚致死剂量能使菜蚜茧蜂产生钝态反应，使寄生蜂搜索寄主的能力下降，攻击率降低，产卵管的伸缩能力减小，花费更多的时间才能发现第一头寄主。在 30min内处理组的寄生蜂对寄主的最大寄生个体数仅为正常寄生蜂的 1/6～1/3。亚致死剂量吡虫啉、鱼藤酮、氰戊菊酯和阿维菌素 4种杀虫剂处理异色瓢虫后，成虫最大日捕食量降低，处理猎物的时间延长，捕食速率和寻找效应一般也被减弱（王小艺等，2002）。当棉田中使用化学药物后，侧沟茧蜂［*Microplitis croceipes* Cresson（Hymenoptera Bracdnidae）］的雌成虫寿命受到影响，寄主搜寻行为分别在施药 2d 时（吡虫啉）和 18d 时（涕灭威亚砜）受到严重影响（Stapel 等，2000）。亚致死剂量的农梦特处理后影响优姬蜂（*Diadegma eucerophaga*）的交配行为，只有 68.18％雄蜂在遇到雌蜂时引起翅膀扇动，而且对雌蜂交配行为反应迟钝（古德就等，1995）。

Umoru 等（1996）观察了抗蚜威对菜少脉蚜茧蜂搜寻行为的影响，发现抗蚜威能刺激菜少脉蚜茧蜂的活动。在有抗蚜威的叶片上菜少脉蚜茧蜂用于搜寻的时间增加，搜寻速度加快，但搜寻的部位以叶片边缘为主，很少到叶片中部的上下表皮。搜寻行为的改变导致有效搜寻时间的减少，与寄主相遇的概率降低。菜少脉蚜茧蜂很少停留在用抗蚜威、氯菊酯或马拉硫磷处理过的植株上，而趋向于停留在笼罩上，表现出明显的驱避反应（Gu 等，1990）。LD_{50} 剂量杀虫脒处理墨西哥棉铃象甲茧蜂后，该蜂出现不停取食蜂蜜的行为，甚至到腹部胀裂的程度（Obrien 等，1985）。

2.2.3　亚致死剂量杀虫剂对昆虫生殖的影响

亚致死剂量的化学药物对昆虫生殖的影响也表现为两个方面，一方面抑制某些昆虫的生殖，另一方面则刺激昆虫的生殖。

亚致死剂量的溴氰菊酯会使大菜粉蝶（*Pieris brassicae*）幼虫体重减轻，取食减少，蛹和成虫的数量减少（Tamer 等，1995）。亚致死剂量吡虫啉、鱼藤酮、氰戊菊酯、阿维菌素、抗蚜威和印楝素 6 种杀虫剂处理异色瓢虫成虫后，其所产卵的孵化率均低于对照，从卵发育至蛹期的累积存活率均显著降低，发育历期受到影响（王小艺等，2003）。

Grosch（1975）研究了亚致死剂量甲萘威对麦蛾茧蜂生殖力的影响，发现在亚致死剂量作用下，产卵量有所减少。在高亚致死剂量作用下，雌虫所产卵的孵化率明显降低，进一步研究表明，这是由于在高剂量作用下麦蛾茧蜂腹部脂肪细胞体积很快缩小，蛋白质代谢不完全，卵黄原蛋白合成受阻的缘故。棉铃象甲茧蜂雌成虫在亚致死剂量双甲脒作用下，卵巢内的卵数量减少且皱缩，当提供寄主时，出现有产卵行为发生而无卵产出的现象（O'Brien 等，1985）。

Banhen 等（1998）报道，亚致死剂量印楝素使七星瓢虫产卵量显著减少，甚至完全不产卵，也能使捕食螨（*Neoseiulus cucumeris*）产卵量明显减少，并对某些天敌具有忌避作用（Spollen 等，1996）。

Nemoto（1993）的研究发现，亚致死剂量的灭多威处理小菜蛾 4 龄幼虫和蛹后，其成虫的生殖力增强，雌成虫的产卵量明显高于对照。

2.2.4 亚致死剂量杀虫剂对昆虫解毒酶系的影响

用亚致死剂量的杀虫剂处理昆虫后，昆虫体内解毒酶系会发生相应的变化。

Surendra 等（1999）研究了两种有机磷农药——杀螟硫磷和乙硫磷对 5 龄家蚕（*Bombyx mori*）幼虫乙酰胆碱酯酶的影响，结果显示，伴随着乙酰胆碱水平的提高，乙酰胆碱酯酶活性受到抑制，这些改变意味着由于神经细胞能量代谢的加速导致了昆虫的死亡。与对照相比，两种亚致死剂量的杀虫剂对食物的消耗没有显著差异。Rumpf 等（1997）用亚致死剂量的甲基对硫磷和谷硫磷处理一种褐蛉（*Mcromus tasmaniae*），发现甲基对硫磷和谷硫磷对其乙酰胆碱酯酶的抑制率随杀虫剂浓度的升高而呈指数增长；而用氯氰菊酯、苯氯威、除虫脲和虫酰肼处理，对其乙酰胆碱酯酶活性则无影响。

刘波等（2003）的研究表明，亚致死剂量（LD_{10}）的 3 种抗胆碱酯酶剂——辛硫磷、马拉硫磷和灭多威预处理棉铃虫（*Heicoverpa armigera*）3 龄幼虫 24h 后，棉铃虫对辛硫磷、马拉硫磷、灭多威、溴氰菊酯和高效氯氰菊酯 5 种杀虫药剂的毒力影响有明显差异。在 48h 内，辛硫磷亚致死剂量对棉铃虫乙酰胆碱酯酶酶活性有一定的抑制作用，24h 仅为对照组的 0.56 倍；马拉硫磷和灭多威则可以诱导乙酰胆碱酯酶的酶活性增加，诱导最大值时间分别为 3h 和 12h。辛硫磷诱导 48h 内对乙酰胆碱酯酶与底物亲和力的影响不大，马拉硫磷、灭多威诱导 48h 内乙酰胆碱酯酶对底物亲和力有所下降，其中灭多威诱导组最为明显。

夏冰等（2002）用亚致死剂量阿维菌素和高效氯氰菊酯处理阿维菌素敏感小菜蛾品系，可使其体内羧酸酯酶活性提高，对敏感品系小菜蛾的羧酸酯酶有一定诱导作用，对抗性小菜蛾品系的羧酸酯酶有一定的抑制作用。姜卫华（2004）用氟虫腈亚致死剂量分别处理浙江苍南县抗性二化螟和安徽太湖县敏感二化螟。结果表明，处理后两种群的存活率、产卵量和孵化率都明显降低，幼虫期延长；氟虫腈对抗性种群存活率的持续影响作用大于对敏感种群的影响。此外，亚致死剂量处理后，敏感种群的羧酸酯酶活性比对照明显升高，敏感、抗性种群的 K_m 均增大，表明酯酶对底物的亲和力都有所降低。高希武等（1998）等用低剂量的对硫磷、马拉硫磷、倍硫磷、灭多威和溴氰菊酯等处理棉铃虫 48h 后，其羧酸酯酶酶活性明显降低，对底物的亲和力则随药剂种类而异。研究还表明，以亚致死剂量的阿维菌素处理抗性小菜蛾品系后，其 K_m 显著高于对照组（为对照组的 2.05 倍），即羧酸酯酶对 α-乙酸萘酯的亲和力比对照组明显降低。

高希武等（1997）以 LD_5 剂量的对硫磷处理棉铃虫 3 龄幼虫 24 h 后，发现其谷胱甘肽硫转移酶的酶活性与对照组没有显著差异；而灭多威处理组谷胱甘肽硫转移酶的酶活性及谷胱甘肽硫转移酶对底物的亲和力均明显降低。梁沛等（2003）用 LC_{17} 的阿维菌素和高效氯氰菊酯处理小菜蛾 [Plutella xylostella (L.)] 敏感品系后，处理组的谷胱甘肽硫转移酶活性比对照组分别增长了 42% 和 70%；抗性品系经同样处理后的活性比对照分别降低了 45% 和 30%。敏感品系用高效氯氰菊酯处理后谷胱甘肽硫转移酶的 K_m 比对照降低了近 40%，对底物的亲和力明显增强，而阿维菌素处理后其 K_m 变化不大。Rumpf 等（1997）用氯氰菊酯亚致死剂量处理褐蛉幼虫后，也发现其谷胱甘肽硫转移酶活性明显增加，而用苯氧威亚致死剂量处理后谷胱甘肽硫转移酶活性却明显降低。

然而有结果显示，亚致死剂量的一些植物源农药和真菌制剂不会影响昆虫的部分解毒酶系活性。如 Shafeek 等（2004）的研究发现，亚致死剂量的印楝素（azadirachtin）不会显著改变蜚蠊（*Periplaneta americana*）不同神经区域中的乙酰胆碱酯酶活性。申继忠等（1994）研究了亚致死剂量苏云金杆菌蜡螟亚种对大蜡螟幼虫及幼虫肠道、血淋巴酯酶的影响。结果表明，经苏云金杆菌晶体处理后大蜡螟整体幼虫和肠道酯酶比活力均下降，同工酶谱无明显变化；血淋巴酯酶同工酶活性及同工酶谱亦无明显变化。将摇蚊（*Chironomus riparius*）4 龄幼虫暴露在林丹中，短期并没有改变其谷胱甘肽硫转移酶活性，但长期暴露会影响幼虫行为，使成虫体形变小，不育，延迟羽化时间（Hirthe 等，2001）。

2.2.5 亚致死剂量杀虫剂对蜜蜂的影响

蜜蜂对包括有机磷、氨基甲酸酯和菊酯类农药在内的化学农药高度敏感（Murphy，1986；Fiedler，1987；Rahman，1989；Mamood，1990）。在化学农药对蜜蜂的毒性研究方面，大多数研究集中在化学农药对蜜蜂的急性毒性研究上，农药引起的亚致死效应的研究却相对较少。研究表明，大量的菊酯类杀虫剂可以降低蜜蜂的采集（Atkins 等，1981；Shires 等，1984；Delabie 等，1985a，b；Rieth 等，1988），减少幼虫数量（Johansen，1977；Nation 等，1986），使蜜蜂的舞蹈语言出现错误，蜂巢的定位出现偏差（Cox 等，1984）；所有这些都可以导致蜂群的减弱（Haynes，1988）。

亚致死剂量的拟除虫菊酯类农药可通过控制单胺类通道如血糖过多或单胺类和类胆碱功能的通路，如记忆能力等来影响昆虫（Meller 等，1996；Mamood 等，1990；Bounias 等，1985）。如亚致死剂量的对硫磷（parathion）会干扰蜜蜂的舞蹈语言，传达错误的蜜源信息（Stephen 等，1970；Schricker 等，1970）。亚致死剂量的二嗪磷（一种有机磷农药）会使蜜蜂按日龄的分工行为受到影响，使采集行为的定向、间隔和对花蜜的处理发生错误，对刚羽化的青年工蜂的影响要大于 14～20 日龄的老工蜂（MacKenzie 等，1989）。

以 $24\mu g/L$ 的吡虫啉和 $500\mu g/L$ 的溴氰菊酯饲喂蜜蜂后，能抑制蜜蜂的采集和回巢反应。吡虫啉还影响蜜蜂对气味的判断，溴氰菊酯则影响蜜蜂的学习行为（Decourtye 等，2004）。当暴露在比 LD_{50} 低 27 倍的溴氰菊酯亚致死剂量下 20min 后，54% 的采集蜂飞向太阳，81% 的采集蜂在 30s 内不能回到巢房，是对照组的 3 倍还多（Vandame 等，1995）。亚致死剂量的溴氰菊酯还会影响蜜蜂的温度调节能力（Vandame 等，1998）。在 0.5ng/只和 1.5ng/只时不影响，而在 2.5ng/只和 4.5ng/只时会使温度升高。两种抑制 P450 的一氮二烯五环（azole）杀菌剂咪鲜胺和世高在 850ng/只时不会影响蜜蜂的温度调节能力，当达到 1 250 ng/只时会引起温度升高。

杀虫剂对蜜蜂生化影响已有相关报道（Orchard，1980；Singh 等，1982；Bounias 等，1985，1987；M'diaye 等，1993）。然而关于亚致死剂量杀虫剂对西方蜜蜂生化的影响却很少。

Bendahou 等（1999a）将 Cymbush（将 100g 纯氯氰菊酯加入 1L 石油醚）加入 12.5g/L 糖水中饲喂西方蜜蜂（*Apis mellifera mellifera* L.），3 周后，蜜蜂的存活率、行为和幼虫数量、蜂群中的分工变化、糖代谢、蜜的转化都会受到显著的影响，Na^+，K^+-ATPase 的活性受到抑制。亚致死剂量的氯氰菊酯和甲氰菊酯被从刚羽化工蜂的第三至四节间膜注入，注入 15min 后，产生明显的血糖过低和蜜糖过低；注入 60min 后恢复正常，3h 后 Na^+，K^+-ATPase 活性受到显著抑制，甲氰菊酯抑制 AchE 的活性，在 0.2nmol/只的水平上，能抑制 60% 以上的酶活性（Bendahou 等，1999b）。

Yu 等（1984）研究了亚致死剂量（相当于 $1/3 LC_1$）下的 5 种杀虫剂——甲氧滴滴涕、甲萘威、马拉硫磷、氯菊酯和除虫脲对西方蜜蜂解毒酶的影响，结果显示氯菊酯能显著增加谷胱甘肽硫转移酶活性，马拉硫磷能显著抑制羧酸酯酶的活性，其他农药对酶的活性没有影响。

3 东方蜜蜂和西方蜜蜂的比较研究

在中国饲养的 700 万群蜂中，有 2/3 是西方蜜蜂，1/3 是东方蜜蜂，我国饲养的东方蜜蜂为中华蜜蜂（*Apis cerana*）。西方蜜蜂引入中国已有 80 多年的历史，最早引进的是意大利蜂和东北黑蜂。目前引进的西方蜜蜂中，意大利蜜蜂（*Apis mellifera ligustica* Spin.）是主要的饲养蜂种，其他西方蜜蜂蜂种包括卡尼鄂拉蜂、高加索蜂、安纳托利亚蜂。由于原产地不同，意大利蜜蜂与中华蜜蜂不仅在形态、行为、生物学等方面存在较大差异。其已报道的区别主要有以下几个方面：

1）东方蜜蜂的体型小，西方蜜蜂的体型略大。

2）西方蜜蜂三型蜂发育期比东方蜜蜂长。

3）西方蜜蜂采胶力强，而东方蜜蜂不采树胶。

4）西方蜜蜂失王后一般不易出现工蜂产卵，而东方蜜蜂常出现工蜂产卵。

5）西方蜜蜂在巢门口扇风的方向是头对巢门，尾端向外，东方蜜蜂则相反。

6）东方蜜蜂在缺蜜或受病虫害危害时，常弃子而全群迁逃，而西方蜜蜂任其饿死也不飞迁。

7）东方蜜蜂雄蜂房巢房盖的中央有一圆锥形小突起，尖端中央有一个小通气孔，而西方蜜蜂没有。

8）东方蜜蜂抗螨力强，但抗囊状幼虫病能力以及清巢能力和抗巢虫能力均比西方蜜蜂差（冯峰，1995）。

9）意大利蜜蜂对大宗蜜粉源表现出较强的采集力。意大利蜜蜂群势强，个体大，对地势平缓的大宗蜜粉源表现出较强的采集力；而中华蜜蜂个体稍小，飞翔快，嗅觉灵敏，出巢勤奋，能有效地利用小宗蜜粉源，在大宗蜜源过后，亦能正常地维持生存与繁殖，尤其是多雨、雾重、湿度大，气候多变，昼夜温差大的山林地区，比意大利蜜蜂适应性和采集力强。

10）东方蜜蜂和西方蜜蜂的分布不同。我国大多数平原、丘陵、低山地区植物种类少，蜜源单纯，给定地饲养的中华蜜蜂生存带来很大困难；在我国南方深山地区，生态条件好，中华蜜蜂集中，意大利蜜蜂很难取而代之，再加上山区胡蜂等敌害较多，意大利蜜蜂个体大，飞行慢，无法抵御胡蜂的猖狂捕食和对蜂巢的侵袭，伤亡惨重，而中华蜜蜂则受害较轻。因此，虽然东方蜜蜂和西方蜜蜂在我国大部分省份均有分布，但由于生产需要，我国蜂种布局情况为：东北和西北等地基本上以饲养意大利蜜蜂等西方蜜蜂为主，而广东、福建、广西、四川等地基本以饲养中华蜜蜂为主，中部地区基本是意大利蜜蜂和中华蜜蜂交错饲养的地区。

由于中华蜜蜂善于利用零星蜜粉源，能节约饲料，适应性强，抗寒耐热，环境恶劣时能节制产卵，适宜果园定地饲养，可用于果树和温室各类蔬菜授粉。意大利蜜蜂个体大，吻长，易于管理，因而是国内外利用的主要授粉蜂种，意大利蜜蜂除了能为果树及其他作物授粉增产外，还能成功地被用于为温室内蔬菜授粉，并取得明显效果（余林生等，2001）。

目前，中华蜜蜂和意大利蜜蜂的比较研究大多集中在行为、生态（余林生等，2001）、生物学（段成鼎，2003）等方面，在生化方面尤其是解毒酶的研究较少（杨俭美等，1992；张莹等，2005）。

4　蜜蜂的解毒酶研究进展

如前所述，西方蜜蜂和东方蜜蜂是中国目前养蜂业中的两个主要蜂种。化学农药和蜂螨会对蜜蜂造成严重伤害，是限制中国养蜂业发展的一个重要因素。化学农药能够直接杀死蜜蜂，降低其种群。

为寻求解决蜜蜂农药中毒的突破，需要对蜜蜂的毒理学特性进行研究，明确化学农药对蜜蜂的毒性及蜜蜂自身解毒酶情况；同时，对东、西方蜜蜂体内的毒理学特性的比较研究，有助于我们发现两种蜜蜂毒理学特性上的区别，寻求加以利用的途径和渠道，为解决蜜蜂农药中毒问题提供理论依据。

研究证明西方蜜蜂体内存在解毒酶系（Gilbert 等，1974；Yu 等，1984；Smirle 等，1987），关于东方蜜蜂体内解毒酶系的研究却很少。

4.1　蜜蜂乙酰胆碱酯酶研究

乙酰胆碱酯酶（acetylcholinesterase，AchE）（EC3.1.1.7）能够迅速水解兴奋性神经递质乙酰胆碱，终止神经递质对后膜的刺激作用而保持神经突触传递的正常功能，因而是昆虫神经系统中最重要的酶系之一。

AchE 是有机磷和氨基甲酸酯类杀虫剂的重要作用靶标（Hama，1983；Fournier 等，1994），杀虫剂与酶分子结合后，使酶磷酰化或氨基甲酰化，钝化酶的活性而阻断正常神经传导而使昆虫致死。

脊椎动物体内，胆碱酯酶有两种：AchE 和丁酰胆碱酯酶（BuChE），两者的基因结构、氨基酸序列及空间三维构型均显示了很高的同源性，两者的主要差异在于对乙酰胆碱和丁酰胆碱两种底物有明显不同的选择性（Taylor 等，1994）。昆虫体内的胆碱酯酶仅有 1 种，该酶对底物的选择性位于主要 AchE 和 BuChE 之间，其氨基酸序列与 AchE 和 BuChE 均有较高的同源性。由于对乙酰胆碱的选择性仍强于丁酰胆碱，因而昆虫体内的胆碱酯酶仍习惯性地称为 AchE（Taylor 等，1994；Massoulie 等，1993；Toutant，1989）。

生物体内，AchE 可以多种分子形态存在，如球形的单体（G_1）、二聚体（G_2）和四聚体（G_4）及与胶质样尾亚基连接的不对称四聚体（A_4）、八聚体（A_8）和十二聚体（A_{12}），不对称的酶分子能被胶质酶或含 EDTA 的高离子强度溶液所溶解。在哺乳动物中枢神经系统，尾部疏水性 AchE 是最主要的分子形式（Massoulie 等，1993）。昆虫体内，AchE 主要以乙醇胺-多聚糖-磷脂酰肌醇（GPI）锚着于膜上的二聚体形式存在，其次是 GPI 单体，另有极少量非两亲的二聚体和单体分子（Toutant，1989）。

AchE 的敏感度降低是昆虫和螨类对有机磷和氨基甲酸酯类杀虫剂产生抗性的重要机理之一（唐振华，1993；Gunning 等，1998）。许多昆虫中 AchE 的生化和药理学特性已被研究，如家蝇（Devonshire，1975；1984）、麦二叉蚜（Brestkins 等，1985；Gao 等，2001）、果蝇（Gnagey 等，1987）、棉铃虫（高希武等，1998）等。

Yu（1984）研究了西方蜜蜂（*Apis mellifera*）混合日龄成年工蜂头部的 AchE 活性。Belzunces 等（1988）研究了意大利蜜蜂头部 AchE 的不同提取方法。与通常使用的 Triton X-100 相比，非离子清洁剂 Lubrol-PX 对 AchE 的溶解水平高，钝化作用低。抑制剂敏感性和底物抑制实验表明，对乙酰胆碱的分解是真 AchE 的作用。Lubrol-PX 和无清洁剂提取的 AchE 的最适 pH 分别是 9 和 8.7，反应的最适温度是 45℃，主要 AchE 的活性位于神经丛中。

对意大利蜜蜂单眼和复眼的 AchE 的研究表明，意大利蜜蜂的 AchE 不均匀地分布在复眼的视纤维（Kral 等，1981）和单眼管上（Kral，1984）。

杨俭美等（1992）比较研究了中华蜜蜂和意大利蜜蜂的 AchE 性质后发现，中华蜜蜂和意大利蜜蜂的 AchE 对底物乙酰硫代胆碱的反应性质具有明显的不同。中华蜜蜂 AchE 的反应初速度和反应进程曲线的线性相关时间范围分别是 0.027（OD_{412}/min，0.8 头）

和 $0\sim10\mathrm{min}$，而意大利蜜蜂则分别为 0.012（OD_{412}/min，0.8 头）和 $0\sim15\mathrm{min}$。米氏常数和最大反应速度也分别相差 7.25 倍和 7 倍，说明中华蜜蜂和意大利蜜蜂的 AchE 性质不同。

张莹等（2005）通过对抑制动力学常数和抑制时间进程曲线的测定，比较了中华蜜蜂和意大利蜜蜂头部乙酰胆碱酯酶对几种有机磷和氨基甲酸酯类杀虫药剂的敏感度。抑制时间进程曲线显示，意大利蜜蜂头部 AchE 对毒扁豆碱、灭多威、敌敌畏的敏感度高于中华蜜蜂，而两种蜜蜂对残杀威、硫双威、甲胺磷及久效磷的敏感度没有明显差异。意大利蜜蜂头部 AchE 对毒扁豆碱、残杀威、硫双威、克百威及丁硫克百威的双分子速率常数（K_i）分别为 4.003×10^6、5.744×10^4、5.249×10^4、1.986×10^6 和 $5.492\times10^4\mathrm{mol}/(\mathrm{L}\cdot\mathrm{min})$，均高于中华蜜蜂对这几种杀虫药剂的 K_i，后者分别为 3.403×10^6、4.633×10^4、4.233×10^4、1.262×10^6 和 $5.072\times10^4\mathrm{mol}/(\mathrm{L}\cdot\mathrm{min})$。但中华蜜蜂头部 AchE 对灭多威的 K_i 却高于意大利蜜蜂，前者为 $10.408\times10^4\mathrm{mol}/(\mathrm{L}\cdot\mathrm{min})$，后者为 $4.872\times10^4\mathrm{mol}/(\mathrm{L}\cdot\mathrm{min})$。对 AchE 被抑制后恢复速率（$K_3$）的测定结果表明，中华蜜蜂头部 AchE 被残杀威和硫双威抑制后恢复的速率显著低于意大利蜜蜂，但两种蜜蜂被毒扁豆碱、灭多威、克百威和丁硫克百威抑制后恢复的速率差异不显著。

4.2　蜜蜂羧酸酯酶研究

羧酸酯酶（carboxylesterase，CarE）为丝氨酸酶，是昆虫对杀虫剂代谢最重要的酶系之一，也是水解酶系中研究最多的一种解毒酶，特别是对多数有机磷杀虫剂、氨基甲酸酯和有些拟除虫菊酯杀虫剂的解毒代谢（高希武等，1991；唐振华，1993；唐振华等，1993；李向东等，1994）。已经证明，CarE 在许多昆虫抗药性产生过程中起着重要作用（Devonshire 等，1982）。CarE 是杀虫药剂代谢中唯一不需要额外催化的酯类化合物水解的一类酶系，能够水解酯族羧酸酯、芳族酯、芳族胺及硫酯等化合物（高希武等，1991）。羧酸酯酶活性的提高是害虫对拟除虫菊酯杀虫剂和有机磷类农药产生抗性的主要机制之一。

羧酸酯酶存在于许多动物组织中，能催化水解羧酸酯类。羧酸酯酶水解羧酸酯的作用是基于蛋白质活性中心的丝氨酸残基可逆的酰化作用。酰化作用导致羧酸酯释放乙醇基团，同时形成羧酸酯酶-酰基复合物（图 1-1）。这个酰化产物，被水分子亲核攻击，释放出羧基酸和羧酸酯酶。

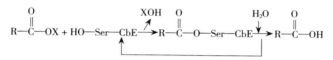

图 1-1　羧酸酯酶水解羧酸酯类物质的反应
（黄箐等，2003）

CarE 底物广谱并有同工酶。Yu 等（1984）研究了西方蜜蜂（*Apis mellifera*）混合日龄成年工蜂 α-NA 酯酶、羧酸酯酶的活性，其活性分别为（302.47 ± 30.60）nmol/（min · mg）和（196.29±25.43）nmol/（min · mg）。

4.3　蜜蜂谷胱甘肽硫转移酶研究

谷胱甘肽（glutathione，GSH）是承担许多细胞功能的三肽，如细胞的运输、保护作用和许多外源化合物的代谢作用等。谷胱甘肽能与高反应性的化合物结合，使其解毒。含谷胱甘肽的许多共轭反应是由谷胱甘肽硫转移酶催化的。谷胱甘肽硫转移酶（glutathione S-transferase，GST；EC 2.5.1.18）广泛分布于动物和植物体内（Mannervik 等，1985），在脊椎动物和无脊椎动物的解毒代谢中发挥着重要作用（Grant 等，1989；Brophy 等，1989），也是昆虫对杀虫药剂代谢中重要的共轭酶系之一（Motoyama 等，1980；Clark 等，1985；Fournier 等，1992；Kostaropoulos 等，2001）。GST 具有多种功能，主要表现在以下

3个方面：1）对异源有毒物质解毒；2）保护细胞免受氧化损伤；3）对激素、内源代谢物和外源化合物进行细胞间运输（Feng 等，1999）。它在硫醚氨酸生物合成的初始步骤中起作用（Boyland 等，1969），能催化内源性的 GSH，对底物进行亲核共轭代谢，生成相应的硫醚化合物。其功能是使有毒的亲电子化合物与内源性的 GSH 轭合，保护其他亲核中心（如蛋白质和核酸等）。许多有机磷化合物能被 GST 作用解毒，GSH 和 GST 酶活性的增加被认为与有机磷杀虫剂的抗性有关（Reidy 等，1990；Clark，1989）。习惯上，谷胱甘肽硫转移酶依据它们的底物特性可分为：谷胱甘肽-S-芳烷基转移酶、谷胱甘肽-S-烷基转移酶、谷胱甘肽-S-芳烷基转移酶、谷胱甘肽-S-环氧化物转移酶、谷胱甘肽-S-烯链转移酶等 5 类（Boyland 等，1969）。

谷胱甘肽硫转移酶的活性已在整体昆虫或其组织的匀浆上清液中（100 000g 离心力）得到证实，并在家蚕幼虫的脂肪体和中肠及家蝇整体内测得烷基转移酶的活性。芳基转移酶的活性存在于蝗虫、家蝇、德国蜚蠊、粉甲、萝卜跳甲和蜡螟体内（Clark 等，1967；Chang 等，1981）。环氧和烯链基转移酶存在于家蝇体内。约 60％的芳基转移酶活性在家蝇的腹部，而且雌性家蝇体内烷基和芳基转移酶活性要高于雄性的两倍（Saleh 等，1978）。1984 年，Yu 等报道了西方蜜蜂混合日龄的成年工蜂中 GST 的存在，以 DCNB 和 CDNB 作反应底物时测得芳基转移酶活性分别为（5.64±0.59）nmol/（min·mg）和（466.32±15.02）nmol/（min·mg），烷基转移酶活性为（39.22±0.36）nmol/（min·mg）。

GST 已在各种生物中发现并鉴定，包括细菌、植物、酵母、线虫、鱿鱼、昆虫、鸡、鼠、猪、猴子和人。昆虫 GST 的相对分子质量在 35 000～63 000，是由两个亚基形成的同源或异源二聚体，亚基的相对分子质量在 19 000～35 000（Yu，1996）。除了肽链长度和序列不同外，GST 在底物特异性和一般的生化特性（如等电点、最适 pH、对抑制剂的敏感性和免疫反应等）上都有差异。几乎在所有的生物体内都有多种同工酶，底物非常广泛。西方蜜蜂（*A. mellifera macedonica*）的 GST 是由两个分子质量分别为 29ku 和 25ku 的亚基形成的异源二聚体。两个同工酶的等电点分别是 7.40 和 4.58。两个酶可以独立地被杀虫剂和包括低温或饥饿在内的环境条件所诱导（Papadopoulos 等，2004a）。

同一昆虫不同组织中 GST 的种类和数量也可能不同。Yu（1989）经过研究发现：多食性的昆虫体内含多种同工酶，而单食性的只有一种。因此，GST 的多型性可能在植食性昆虫的取食策略中起重要作用。多食性昆虫可能已在进化过程中形成多种类型的 GST 同工酶，以便对寄主植物中的多种有毒次生物质解毒。而寄主单一的昆虫由于食谱较窄，摄取的次生物质相对专一，因而形成单一类型的 GST。因此，植食性昆虫 GST 同工酶的组成可能与其取食范围有关。

GST 活性在昆虫各个发育时期都存在，但可能活性随发育期不同而有变化，不同昆虫的变化趋势也可能不同。GST 存在于西方蜜蜂（*A. mellifera macedonica*）的整个发育期。以 CDNB 为底物，活性最高出现在成虫阶段，卵期最低。蜜蜂 GST 的动力学特征随着发育过程中而改变。同工酶的数量、比例和表达率随着发育期变化（Papadopoulos 等，2004b）。这与 Smirle 等（1988）的结果类似，Smirle 等（1988）也发现西方蜜蜂成年工蜂体内 GST 和多功能氧化酶的存在，随着工蜂的外出采集，GST 的活性增加并达到最高。

Kostaropoulos 等（1996）研究了黄粉甲（*Tenebrio molitor*）的 3 个发育阶段的胞质 GST 活性，发现 GST 对 CDNB 和 DCNB 的活性变化趋势相似，都是在幼虫期活性不变，在新化的蛹中活性最大；而对利尿酸的活性变化趋势与此不同，初龄幼虫 GST 的活性最高，以后逐渐下降，5d 的蛹活性达到最低，以后稍有升高。发育过程中，对 GSH 和 CDNB 的 K_m 和

V_{max} 也有变化，说明昆虫不同发育时期 GST 同工酶的组成和含量可能发生了变化。其他两种昆虫铜绿丽蝇和埃及伊蚊也有相似的变化模式，即 GST 的活性在蛹期最高，而在成虫期较低。棉铃虫 GST 活性在发育期内有明显变化，卵期活性最低，6 龄和化蛹初期活性最高（张常忠等，2001）。美洲棉铃虫（*Helicoverpa zea*）在 5 龄幼虫期 GST 活性达到高峰（Chein 等，1991），黑腹果蝇 GST 活性在许多发育阶段都能检测到。从卵、幼虫、蛹和成虫中提取的粗酶液的 GST 活性分别为 110、35、25、15 nmol/（min·mg）（Hunaiti 等，1995）。但松树皮象（*Hylobucs abietis*）整个发育期活性几乎没有变化（Stenersen 等，1987）。

4.4　蜜蜂多功能氧化酶研究

多功能氧化酶（MFO）是一类重要的氧化酶系，由多个组分组成，其中细胞色素 P450 是该酶系的核心部分，在整个酶系的氧化代谢中起着末端氧化的作用；细胞色素 b5 也是该酶系的重要组分之一。P450 是最早由美国 G. R. Willams 在研究微粒体上的细胞色素 b5 的氧化-还原动力学中发现的一种特殊蛋白质，它是一种位于哺乳动物肝脏微粒体部分并与 CO 结合的色素。这种色素蛋白的还原型能与 CO 结合形成区别于其他色素蛋白的 450 nm 特征吸收峰（威尔金逊，1985），由 P450 为主体构成的酶系名称多样，包括：细胞色素 P450 微粒体氧化酶、多功能氧化酶（MFO）、多底物微粒体氧化酶（PSMOs）、微粒体氧化酶及亚铁血红素巯基蛋白（Feyreisen 等，1999）。在昆虫中 P450 酶系主要分布于中肠、脂肪体和马氏管中。这些组织都是化合物以食物进入或由表皮透入体内的第一道防线（韦存虚等，1999）。

MFO 在昆虫中能够降解或活化杀虫剂、植物次生物质或毒素、其他环境有害物等多种外源和内源性化合物，是昆虫体内参与各类杀虫剂及其他外源性和内源性化合物代谢的主要解毒酶系，在昆虫的生长发育、昆虫对环境的适应性及昆虫对杀虫剂的抗药性中起着重要的作用。

一般认为 P450 多功能氧化酶系是杀虫剂抗性的主要机制之一，它能够与多种外源化合物相作用，它所参与的反应可分为以下 4 类。

一是 $O—$、$S—$ 及 $N—$ 脱烷基作用。在杀虫剂中，氧、硫、氮原子与烷基相连接时便是多功能氧化酶系的靶子，由于氧及硫的负电性较强，反应结果是将烷基脱掉。

二是烷基和芳基的羟基化作用。多功能氧化酶系可以将氨基甲酸酯类杀虫剂苯环上的烷基和拟除虫菊酯类杀虫剂三环上的烷基羟基化。

三是环氧化作用。多功能氧化酶系可将杀虫剂结构中的 $—CH=CH—$ 双键变成环氧化合物。

四是增毒代谢作用。这类氧化作用为增毒代谢，其产物可进一步代谢为无毒化合物，它可将硫代磷酸酯类化合物 $P=S$ 氧化为磷酸酯 $P=O$，将有机磷杀虫剂及其他杀虫剂中硫醚（$—S—$）代谢为亚砜及砜的化合物，将烟碱中的氮氧化代谢后生成烟碱-1-氧化物（赵善欢，2001）。

许多研究表明，多功能氧化酶系正是以上述 4 类反应参与杀虫剂的代谢，其中前 3 类代谢可使杀虫剂降低或失去杀虫活性，从而致使昆虫产生了严重的抗药性。棉铃虫（*Helicoverpa armigera*）对拟除虫菊酯类杀虫剂产生抗性的主导因素之一是 MFO 的活性增高（冷欣夫等，2000）；对辛硫磷的抗性也与细胞色素 P450 酶系有关（Tang 等，2000）。烟芽夜蛾（*Heliothis virescens*）被吡虫啉汰选 30 代后，就产生了 P450 多功能氧化酶系羟基化作用，研究认为吡虫啉类似物可被 P450 抑制，说明它经 P450 酶系的氧化作用而减低了毒性（章玉苹等，2000）；多功能氧化酶是小菜蛾（*Plutella xylostella*）对昆虫生长调节剂定虫隆抗性产生的主导因素（Tabashnik，1994）；同时多功能氧化酶还与桃蚜（*Myzus persicae* Sulzer）对有机磷和氨基甲酸酯类杀虫剂抗性产生有关（冷欣夫等，2000）；在家蝇（*Musca domestica* Linne）抗二氯苯醚菊酯品系中，P450 含量较敏感品系高 2.4 倍；淡色库蚊（*Culex pipeienus pallens*）的抗拟除虫菊酯品系较敏感品系高近两倍（张善明等，2000）。凡对拟除虫菊酯类杀虫剂产生抗性的昆虫，其体内的细胞色素 P450 的活性或含量均比敏感品系有不同程度的增加（张红英等，2002）。

Iwasa 等（2004）通过增效剂实验表明，P450 在蜜蜂对烟碱化合物啶虫脒和噻虫啉的代谢中起着重要作用。

目前，动物 P450 蛋白包括 47 个家族：其中 17 个在哺乳动物中，昆虫中是 8 个家族。目前，已克隆了 169 个昆虫 P450（全长和片段）。其中一半以上的是双翅目，1/5 是鳞翅目昆虫，其他是红粉甲、蜚蠊、螨、蜜蜂、胡蜂和蝗虫。在双翅目中，36 个基因来自果蝇（*Drosophila melanogaster*），被分为 8 个家族：CYP4（14 个基因）、CYP6（10 个基因）、CYP9（5 个基因）、CYP12（3 个基因）、CYP18（1 个基因）、CYP28（1 个基因）、CYP49（1 个基因）和 CYP301（1 个基因）。事实上，56％的 P450 基因来自 CYP4 家族，CYP4 家族是昆虫中补充的新 P450 基因。

Tarès 等（2000）用 PCR 方法克隆了西方蜜蜂（*Apis mellifera*）的 P450 部分片段，定名为 CYP4G11，是一个新的基因片段。

细胞色素 P450 活性测定方法有多种，最主要的方法有 3 种：①通过气相色谱法检测艾氏剂在细胞色素 P450 环氧化作用下生成狄氏剂的量来测定其活性，②利用荧光分光光度计检测细胞色素 P450 对 7-乙氧基芸香豆素的脱乙基活性，③利用对硝基苯甲醚作底物在细胞色素 P450 的 O-脱甲基作用下生成对硝基苯酚，根据对硝基苯酚在 412nm 有吸收峰的特点用分光光度计来检测（刘小宁等，2004）。对蜜蜂多功能氧化酶的研究表明，蜜蜂体内具有 RNA 可影响多功能氧化酶的测定。部分已发表的西方蜜蜂的细胞色素 P450 活性见表 1-2。

表 1-2　西方蜜蜂细胞色素 P450 微粒体氧化酶活性部分测定结果

酶名称	样品	酶活性（中肠）	参考文献
环氧酶	混合日龄成年工蜂（雌）	34.96 ± 2.63*	Yu 等，1984
	未羽化的成年工蜂蛹（雌）	62.3	
	1 日龄成年工蜂（雌）	98.2	
	2 日龄成年工蜂（雌）	105.3	
	3 日龄成年工蜂（雌）	130.1	Gilbert 等，1974
	未羽化的雄蜂蛹	93.1	
	1 日龄雄蜂	194.6	
	2 日龄雄蜂	248.8	
	3 日龄雄蜂	212.7	
氢化酶	混合日龄成年工蜂	101.83 ± 5.53*	Yu 等，1984
	未羽化的成年工蜂蛹（雌）	2.7	
	1 日龄成年工蜂（雌）	5.5	Gilbert 等，1974
	2 日龄成年工蜂（雌）	10.8	
	3 日龄成年工蜂（雌）	4.0	
氧-脱甲基酶	混合日龄成年工蜂	57.50±9.03*	Yu 等，1984
	未羽化的成年工蜂蛹（雌）	248.0	
	1 日龄成年工蜂（雌）	575.3	
	2 日龄成年工蜂（雌）	631.3	
	3 日龄成年工蜂（雌）	352.0	Gilbert 等，1974
	未羽化的雄蜂蛹	384.1	
	1 日龄雄蜂	631.6	
	2 日龄雄蜂	767.1	
	3 日龄雄蜂	719.5	
氮-脱甲基酶	混合日龄成年工蜂	277.95 ± 49.98*	Yu 等，1984

*酶活性单位为 nmol/（min·mg）。

5 研究目的和意义

5.1 研究目的

蜜蜂是一种重要的授粉昆虫，对我国的农业增产和生态环境的改善具有重要作用。化学农药对蜜蜂的生存产生严重的影响，国内外关于农药对西方蜜蜂的急性毒性影响和慢性毒性影响报道的较多，但对我国本地蜂种——东方蜜蜂的报道极少。

拟通过本文的研究，明确以下问题：

1）东方蜜蜂和西方蜜蜂化学农药的耐受力差别；

2）东方蜜蜂和西方蜜蜂解毒酶系的差异；

3）亚致死剂量的化学药剂对东方蜜蜂和西方蜜蜂解毒酶系的影响。

5.2 研究意义

本论文针对目前困扰养蜂业发展的重要问题——化学农药的危害开展研究。首次以东方蜜蜂（*Apis cerana*）和西方蜜蜂为对象，系统研究了解毒酶的测定方法、体躯和亚细胞分布、发育期变化规律，测定了 5 种化学农药对两种蜜蜂的急性毒性，并对亚致死剂量的化学农药对两种蜜蜂解毒酶的影响等进行了比较研究，以期能从生化角度寻求到减少或降低蜜蜂中毒的方法，为保护蜜蜂，正确评价杀虫剂对蜜蜂的影响，特别是为我国中华蜜蜂的保护提供依据。

第二章 蜜蜂羧酸酯酶的最适反应条件的测定

羧酸酯酶（CarE）在生物体内广泛存在，能催化水解羧酸酯类。羧酸酯酶在许多昆虫抗药性产生过程中起着重要作用。底物广谱并有多个同工酶。羧酸酯酶活性的变化是害虫对拟除虫菊酯杀虫剂和有机磷类农药产生抗性的主要机制之一。在研究中，这些变化在生化水平主要通过酶的酶活性的变化来反映。因此羧酸酯酶活性的准确测定非常重要。

本章采用正交实验设计，对影响酶活性测定的 5 个因素进行了研究，筛选出了最佳的反应测定条件，为以后的研究奠定了基础。

1 材料与方法

1.1 试剂

固蓝 B 盐为 Fluka 公司产品；毒扁豆碱为 Sigma 公司产品。α-乙酸萘酯（α-NA），化学纯，为上海试剂一厂产品；牛血清白蛋白（BSA）购自北京同正生物公司。

1.2 试虫来源

西方蜜蜂采自中国农业科学院蜜蜂研究所育种场，以抖脾的形式脱蜂取混合日龄的成年工蜂用于试验。

1.3 酶源制备

取工蜂腹部，加入到预冷的磷酸钠盐缓冲液中，冰浴匀浆。匀浆液在低温（4 ℃）、10 000g 离心力下离心 20min。取上清液测定 CarE 的活性，并测定蛋白质含量。

1.4 CarE 活性测定方法

参照 Hama 等（1983）的比色测定法，以 α-乙酸萘酯（α-NA）为底物。反应体系 3.7mL，包括 0.04mol/L PBS 缓冲液 0.9mL、α-醋酸萘酯 0.9mL（加有终浓度为 $3×10^{-4}$ mol/L 的毒扁豆碱）和酶液 $100\mu L$，于不同温度下水浴反应一定时间后加 0.9 mL 显色剂（1％固蓝 B 盐和 5％ SDS 以 2：5 混合）终止反应，15min 后在 600nm 处测定光密度值。

1.5 蛋白质含量测定

参照 Bradford（1976），用考马斯亮蓝 G250 测定各酶液中可溶性蛋白质含量。以牛血清蛋白制作标准曲线。

1.6 实验设计

选择酶活性测定中，对光密度值影响较大的酶浓度、底物浓度、pH、温度和反应时间（min），应用 5 因子 4 水平进行试验。各因子的水平编码列于表 2-1。组合处理共 16 个。

表 2-1 西方蜜蜂羧酸酯酶测定条件因子水平

水平	因子				
	酶浓度（A）（腹部/mL）	底物浓度（B）（mol/L）	pH（C）	温度（D）（℃）	反应时间（E）（min）
1	0.2	$2×10^{-4}$	6.0	25	10
2	0.3	$3×10^{-4}$	6.5	30	15

（续）

水平	因子				
	酶浓度（A）（腹部/mL）	底物浓度（B）（mol/L）	pH（C）	温度（D）（℃）	反应时间（E）（min）
3	0.4	4×10^{-4}	7.0	35	20
4	0.5	5×10^{-4}	7.5	40	25

表 2-2 L_{16}（4^5）正交表头设计

列号	2	3	4	5
因子	A	B	C	D

2 结果与分析

2.1 正交试验结果的极差分析

由表 2-3 中的极差 R 值可以看出，A（酶浓度）、B（底物浓度）、C（pH）、D（温度）和 E（反应时间）对反应体系酶活性的影响为 C＞D＞E＞A＞B，其中 pH 的极差值最大，说明该因素对蜜蜂的羧酸酯酶活性的测定影响最大。

表 2-3 西方蜜蜂羧酸酯酶活性测定 L_{16}（4^5）正交试验结果

处理号	列号					酶活性[mmol/（min·mg）]
	1	2	3	4	5	
1	1	1	1	1	1	0.068 ± 0.018
2	1	2	2	2	2	0.006 ± 0.0001
3	1	3	3	3	3	0.490 ± 0.087
4	1	4	4	4	4	0.079 ± 0.050
5	2	1	2	3	4	0.381 ± 0.052
6	2	2	1	4	3	0.459 ± 0.113
7	2	3	4	1	2	0.023 ± 0.017

（续）

处理号	列号					酶活性 [mmol/ （min·mg）]
	1	2	3	4	5	
8	2	4	3	2	1	0.373±0.096
9	3	1	3	4	2	0.208±0.071
10	3	2	4	3	1	0.308±0.089
11	3	3	1	2	4	0.076±0.025
12	3	4	2	1	3	0.097±0.009
13	4	1	4	2	3	0.027±0.025
14	4	2	3	1	4	0.277±0.005
15	4	3	2	4	1	0.551±0.005
16	4	4	1	3	2	0.175±0.020
K_1		1.928 94	3.705 64	2.066 31	3.092 20	
K_2		2.053 43	3.149 49	3.418 52	2.171 64	
K_3		2.336 01	3.101 65	4.043 61	1.311 81	
K_4		1.393 33	1.445 97	4.061 39	3.892 40	
K_5		3.898 41	1.234 83	3.219 29	2.440 56	
k_1		0.160 75	0.308 80	0.172 19	0.257 68	
k_2		0.171 12	0.262 46	0.284 88	0.180 97	
k_3		0.194 67	0.258 47	0.336 97	0.109 32	
k_4		0.116 11	0.120 50	0.338 45	0.324 37	
k_5		0.324 87	0.102 90	0.268 27	0.203 38	

2.2 正交试验结果的方差分析

由于极差分析简便，得出的结论比较直观。但因为计算比较粗放，不能给出误差大小的估计，因而进一步对实验结果进行方差分析。方差分析的结果见表2-4。从表2-4可以看出，5个因素对蜜蜂羧酸酯酶活性的测定中各因子对结果影响极显著。

表 2-4　西方蜜蜂羧酸酯酶活性测定方差分析结果

变异来源	平方和（SS）	自由度（df）	均方（MS）	F	显著水平
酶浓度	0.180 10	3	0.060 03	19.085 31	0
底物浓度	0.117 96	3	0.039 32	12.500 29	0.000 01
pH	0.335 51	3	0.111 84	35.554 41	0
反应温度	0.546 27	3	0.182 09	57.888 20	0
反应时间	0.326 60	3	0.108 88	34.615 84	0
误差	0.100 66	32	0.003 15		
总和	1.607 15				

2.3　试验因子各水平间的差异显著性比较

由于同一因素包含不同的水平，因此需要进行因素各水平的差异显著性检验，以便从中选出测定蜜蜂羧酸酯酶活性的最佳条件组合。用 DPS 软件进行数据处理，结果见表 2-5。

表 2-5　正交试验的 5 个影响因素各水平的差异显著性检验

各水平的酶活性值	影响因素				
	酶浓度（腹部/mL）	底物浓度（mol/L）	pH	温度（℃）	反应时间（min）
1	0.160 75b	0.171 12b	0.194 67c	0.116 11b	0.324 87a
2	0.308 80a	0.262 46a	0.258 47b	0.120 50b	0.102 90c
3	0.172 19b	0.284 88a	0.336 97a	0.338 45a	0.268 27b
4	0.257 68a	0.180 97b	0.109 32d	0.324 37a	0.203 38b

注：表中显示的多重比较结果为纵向排列，比较的是同一因素不同水平的差异显著性。

酶浓度第 1 水平与第 3 水平差异不显著，与其余水平差异均极显著；第 2 水平与第 4 水平差异不显著，与第 3 水平差异显著；第 3、第 4 水平间差异显著。底物浓度第 1 水平和第 4 水平差异不显著，与第 2、4 水平差异显著。pH 的各水平间差异均显著；温度的第 1 水平与第 2 水平之间差异不显著，与第 3、4

水平差异显著，第 2 水平与第 3、4 水平差异显著，第 3、第 4 水平间差异不显著。反应时间的第 1 水平与第 2、4 水平之间差异显著，与第 3 水平之间差异不显著，第 2 水平与第 3、4 水平间差异显著；第 3、第 4 水平间差异显著。

此外，从各因素不同水平的平均值来看，酶浓度的第 2 水平，底物浓度、pH、反应温度的第 3 水平及反应时间的第 1 水平的平均值最大，对结果的影响也最大，为蜜蜂羧酸酯酶的最佳反应条件。

3 讨论

有关昆虫羧酸酯酶测定方法的报道，无论是酶源制备、反应温度和反应时间都有所不同（表 2-6）。

表 2-6 部分昆虫羧酸酯酶的反应条件

昆虫	温度	反应时间	参考文献
蚜虫	25℃	15min	韩召军等，1987
棉蚜	室温	10min	孙耘芹等，1987
棉蚜	37℃	30min	谭维嘉等，1988
菜缢管蚜	27℃	5min	唐振华等，1988
瓜棉蚜	30℃	15min	郑炳宗等，1988

宋春满等（2001）以底物浓度、反应温度、温浴时间、pH 作因子，采用正交设计的方法来确定云南烟蚜 α-乙酸萘酯羧酸酯酶活性测定的最佳条件，结果表明，除 pH 影响不显著外，其余 3 个因子均显著影响吸光值，其中底物浓度影响极显著。4 因子的主次关系为：底物浓度 > 反应温度 > 温浴时间 > pH。测定云南烟蚜的羧酸酯酶活性时，以底物浓度 6.0×10^{-4} mol/L、缓冲液 pH 8.0、37 ℃、保温 30min 组合较好。

在蜜蜂羧酸酯酶活性测定中，反应条件的 5 个因子（缓冲液的 pH、反应时间、反应温度、酶浓度和底物浓度）均对其有明显影响，其中 pH 对酶活性的影响最大。在考虑 5 个因子的综合效应时，缓冲液 pH 7.0、35℃温浴 10min、底物浓度 4×10^{-4} mol/L、酶浓度为 0.3 个腹部/mL 时所测该酶活性最强。笔者推荐此条件可作为测定蜜蜂羧酸酯酶的试验条件，用以研究羧酸酯酶与蜜蜂解毒酶系之间的关系，为防止蜜蜂中毒提供理论依据。另外，这些条件是否也适应于熊蜂及其他授粉蜂类该酶的测定还有待研究。

第三章　蜜蜂解毒酶系的体躯与亚细胞分布研究

　　蜜蜂是一种重要的授粉昆虫，蜜蜂授粉不仅可以增加作物产量，改善农产品品质，还可以为人类提供具有天然、保健功能极佳的蜂产品。但每年都有大量蜜蜂死于化学农药中毒，因此，研究蜜蜂体内的解毒酶系，对于防止蜜蜂中毒、更好地发挥蜜蜂"农业增产之翼"作用，具有重要意义。

　　中国是世界养蜂大国，拥有蜂群数量约为700万群。东方蜜蜂和西方蜜蜂是中国目前养蜂生产中的两大蜂种，在中国境内均有分布。西方蜜蜂产量高，群势大，善于利用大宗蜜源；东方蜜蜂耐低温，善于利用零星蜜源，具有抗逆、抗病性强的特点。这些蜂种有相似的分布意味着可能具有相同的遗传机制，对环境的适应机制不同主要是体内存在不同的酶系。关于东、西方蜜蜂毒理学特性的比较至今还缺乏系统的研究。

　　蜜蜂的体躯和亚细胞分布的研究是进行毒理学研究的基础。对东方蜜蜂和西方蜜蜂乙酰胆碱酯酶、羧酸酯酶和谷胱甘肽硫转移酶的体躯和亚细胞分布的比较研究，可确定合适的酶来源，以便为进一步制备纯化和探明其性质及分子作用机制提供参考。

1　材料与方法

1.1　试虫

东方蜜蜂采自中国农业大学昆虫系实验蜂场，西方蜜蜂采自中国农业科学院蜜蜂研究所育种场，以抖脾的形式脱蜂取混合日龄的成年工蜂用于试验。

1.2　试剂及仪器

碘化硫代乙酰胆碱（ATCI）、固蓝 B 盐为 Fluka 公司产品；5,5'-二硫双硝基苯甲酸（DTNB）为 ROTH 公司产品；毒扁豆碱为 Sigma 公司产品。

α-乙酸萘酯（α-NA），化学纯，为上海试剂一厂产品；β-乙酸萘酯（β-NA），化学纯，为北京化工厂产品；牛血清白蛋白（BSA）购自北京同正生物公司；曲拉通（Triton X-100）（上海化学试剂采购供应站美国进口分装）。

高速冷冻离心机，日本 Hitachi 公司产品；电子天平（Sartorius 2004MP），Opton 公司产品。

1.3　AchE、CarE 和 GST 在蜜蜂体躯的分布

分别取工蜂头、胸部和腹部，加入到预冷的 0.1mmol/L、pH 7.5 的磷酸钠盐缓冲液（测羧酸酯酶时，磷酸钠盐为 0.1mmol/L、pH 7.0；测谷胱甘肽硫转移酶时，磷酸钠盐为 0.1mmol/L、pH 6.5）中，冰浴匀浆。匀浆液在低温（4℃），10 000g 离心 20min。取上清液测定 AchE、CarE 或 GST 的活性，并测定蛋白质含量。

1.4　AchE、CarE 和 GST 的亚细胞分布

取蜜蜂工蜂的头，分别加入预冷的 0.1 mmol/L、pH 7.5

的磷酸钠盐缓冲液；取工蜂腹部分别加入预冷的 0.1 mmol/L、pH 7.0 和 pH 6.5 的磷酸钠盐缓冲液；冰浴匀浆。匀浆液按差速离心法离心（图 3-1）。分别测定各离心成分 AChE、CarE 或 GST 的活性和蛋白质含量。

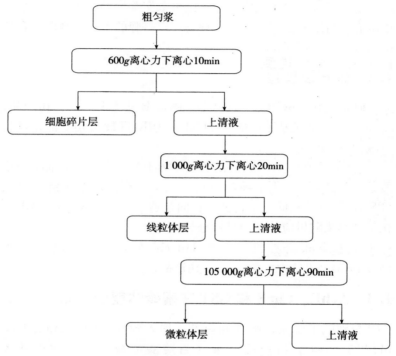

图 3-1 两种蜜蜂解毒酶系差速离心方法

1.5 AchE 活性测定

参照高希武（1987）用 Ellman 胆碱酯酶活性测定改进法。$100\mu L$ 酶液加入 $100\mu L$ 10 mmol/L 碘化硫代乙酰胆碱底物，30℃下反应 15 min，然后以 3.6 mL DTNB-磷酸盐乙醇显色剂 [12.4mg DTNB、120mL 96％乙醇和 80mL 水以 0.1mol/L PBS

缓冲液（pH 7.5）定容至 250mL］终止反应，于 412nm 处测定吸光值。公式为

$$AchE 活性 = (\Delta OD_{412} \cdot \upsilon) / (\varepsilon \cdot L) \qquad (3\text{-}1)$$

式 3-1 中，ΔOD_{412} 为每分钟光吸收的变化值，υ 为酶促反应体积（3.8 mL），ε 为产物的消光系数 [13.6mmol/（L·cm）]，L 为比色杯的光程（1cm）。计算蜜蜂乙酰胆碱酯酶活性值。

1.6　CarE 活性测定

参照 Hama 等（1983）的比色测定法，以 α-NA 或 β-NA 为底物。反应体系 3.7mL，包括 0.04mol/L PBS（pH 7.0）缓冲液 0.9mL、3×10^{-4} mol/L 醋酸萘酯（α-NA 或 β-NA）1.8mL（加有终浓度为 3×10^{-4} mol/L 的毒扁豆碱）和酶液 0.1mL，于 30℃下水浴反应 15min 后加 0.9mL 显色剂（1%固蓝 B 盐和 5% SDS 以 2：5 混合）终止反应，15min 后分别在 600nm 和 555nm 处测定光密度值。

1.7　GST 活性测定

参照 Habig 等（1976）方法。以 CDNB 为底物，采用 900μL 的体系，缓冲液（pH 6.5）适量，30mmol/L GSH 30μL，适量酶液，30mmol/L CDNB 30μL，在 25℃ 恒温下于 340nm 波长处，用时间驱动程序自动监测其光吸收值在 2min 内的变化，并记录反应速度（OD_{340}/min）。以每分钟催化生成 1nmol 产物为一个酶活性单位，按式 3-2 计算酶活性，即

$$GST 活性 = (\Delta OD_{340} \cdot \upsilon) / (\varepsilon \cdot L) \qquad (3\text{-}2)$$

式 3-2 中，ΔOD_{340} 为每分钟光吸收的变化值，υ 为酶促反应体积（900μL），ε 为产物的消光系数 [0.009 6L/（μmol·cm）]，L 为比色杯的光程（1cm）。

每组样品活性测定至少独立重复 3 次，每次重复测定 3 次。

1.8 可溶性蛋白质含量测定

参照 Bradford（1976），用考马斯亮蓝 G250 测定各酶液中可溶性蛋白质含量。以牛血清蛋白制作标准曲线。

2 结果与分析

2.1 东方蜜蜂和西方蜜蜂不同组织 AchE 活性

蜜蜂乙酰胆碱酯酶（AchE）主要集中在头部，其活性显著高于胸部和腹部（图 3-2、图 3-3）。

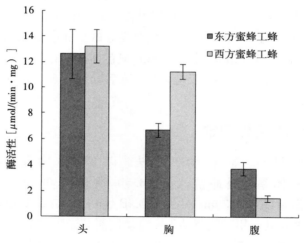

图 3-2 东方蜜蜂和西方蜜蜂 AchE 的体躯分布
（提取液中未加 Triton）

提取液中不含 0.1％Triton X-100 时，东方蜜蜂头部 AchE 活性是胸部 AchE 活性的 2 倍，是腹部活性的 4 倍。西方蜜蜂头部 AchE 活性是胸部活性的 1.17 倍，是腹部活性的 9.11 倍。西方蜜蜂体内的 AchE 总活性高于东方蜜蜂。东方蜜蜂头部的活性略低于西方蜜蜂的头部，二者差异不显著。西方蜜蜂胸部 AchE 活性高于

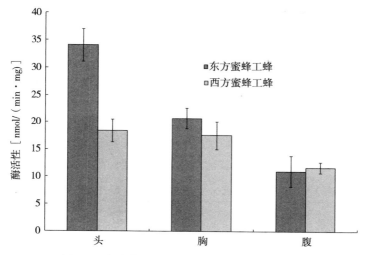

图 3-3　东方蜜蜂和西方蜜蜂 AchE 的体躯分布

（提取液中加 Triton）

东方蜜蜂胸部，差异显著，而腹部酶活性则显著低于东方蜜蜂。

　　提取液中含有 0.1% Triton X-100 时，东方蜜蜂头部 AchE 活性是胸部 AchE 活性的 1.6 倍，是腹部活性的 3.1 倍。西方蜜蜂头部 AchE 活性是胸部活性的 1.6 倍，是腹部活性的 1.1 倍。东方蜜蜂体内的 AchE 总活性高于西方蜜蜂。东方蜜蜂头部的活性显著高于西方蜜蜂的头部，胸部 AchE 活性高于东方蜜蜂胸部，差异不显著。而西方蜜蜂腹部酶活性则略高于东方蜜蜂，差异不显著。

　　与提取液中不含 Triton 相比，加入 0.1% Triton 后，两种蜜蜂体内的 AchE 酶活性，无论是整体还是各组织间的酶活性均有不同程度的提高。东方蜜蜂体内的 AchE 酶活性提高了 1.9 倍，西方蜜蜂酶活性提高了 0.8 倍。不同组织部位间酶活性提高的比例不同，西方蜜蜂腹部酶活性提高的比例最大，为 7 倍。其次依次为东方蜜蜂胸部＞东方蜜蜂腹部＞东方蜜蜂头部＞西方蜜蜂胸部＞西方蜜蜂腹部。

2.2 东方蜜蜂和西方蜜蜂不同组织 CarE 活性

从表 3-1 可以看出，羧酸酯酶（CarE）在各躯段均有分布，但主要集中在腹部。以 α-NA 为底物时，东方蜜蜂体内 CarE 的总活性低于西方蜜蜂，其中东、西方蜜蜂间头部和胸部 CarE 活性相近，西方蜜蜂腹部 CarE 活性则显著高于东方蜜蜂腹部。

以 β-NA 为底物时，东方蜜蜂体内 CarE 的总活性高于西方蜜蜂，其中东方蜜蜂头部 CarE 活性显著低于西方蜜蜂头部，胸部酶活性相近，而腹部酶活性则显著高于西方蜜蜂腹部。

表 3-1   东方蜜蜂和西方蜜蜂不同组织的 CarE 酶活性比较

组织	东方蜜蜂工蜂 CarE 酶活性 $[\mathrm{mmol}/(\min \cdot \mathrm{mg})]$		西方蜜蜂工蜂 CarE 酶活性 $[\mathrm{mmol}/(\min \cdot \mathrm{mg})]$	
	α-NA	β-NA	α-NA	β-NA
头部	$0.069 \pm 0.002a$	$0.062 \pm 0.004a$	$0.062 \pm 0.002a$	$0.207 \pm 0.012a$
胸部	$0.067 \pm 0.001b$	$0.121 \pm 0.037b$	$0.076 \pm 0.006b$	$0.123 \pm 0.002a$
腹部	$1.606 \pm 0.124c$	$2.292 \pm 0.079c$	$2.440 \pm 0.042c$	$0.476 \pm 0.024a$

注：数据为平均值和标准差之和，同列中不同字母表示差异显著（$P < 0.05$）。

以 α-NA 为底物时，东、西方蜜蜂不同躯段 CarE 的动力学常数见表 3-2。两种蜜蜂胸部 CarE 与 α-NA 的亲和力均最高，东方蜜蜂头部 CarE 与 α-NA 的亲和力最弱，而西方蜜蜂腹部 CarE 与 α-NA 的亲和力最弱。

表 3-2   东方蜜蜂和西方蜜蜂不同组织的 CarE 动力学性能比较（α-NA）

组织	东方蜜蜂工蜂		西方蜜蜂工蜂	
	K_{m}（μmol/L）	$V_{\max}$ $[\mathrm{mmol}/(\min \cdot \mathrm{mg})]$	K_{m}（μmol/L）	$V_{\max}$ $[\mathrm{mmol}/(\min \cdot \mathrm{mg})]$
头部	27.20 ± 11.10	0.674 ± 0.165	9.01 ± 3.64	0.482 ± 0.055
胸部	2.67 ± 2.56	$0.380 \pm 0.057\ 4$	4.42 ± 2.14	0.455 ± 0.045
腹部	3.87 ± 0.93	$3.088 \pm 0.142\ 0$	20.80 ± 9.69	4.287 ± 0.771

以 β-NA 为底物时，两种蜜蜂头部 CarE 与 β-NA 的亲和力均最弱，东方蜜蜂腹部 CarE 与 β-NA 的亲和力最高，西方蜜蜂胸部 CarE 与 β-NA 的亲和力最高。

比较东、西方蜜蜂各体躯与 α-NA 和 β-NA 的 K_m 后发现，东方蜜蜂和西方蜜蜂各躯段 CarE 与不同底物的亲和力不同。东方蜜蜂腹部 CarE 与 α-NA 和 β-NA 的亲和力近似，而头部和胸部 CarE 均是以 α-NA 为底物时的亲和力高于以 β-NA 为底物时的亲和力。西方蜜蜂胸部 CarE 与 α-NA 和 β-NA 的亲和力近似，头部与 α-NA 的亲和力高于与 β-NA 的亲和力，而腹部 CarE 与 α-NA 的亲和力则低于与 β-NA 的亲和力（表 3-3）。

表 3-3　东方蜜蜂和西方蜜蜂不同组织的 CarE 动力学性能比较（β-NA）

组织	东方蜜蜂工蜂		西方蜜蜂工蜂	
	K_m（$\mu mol/L$）	V_{max} [mmol/(min·mg)]	K_m（$\mu mol/L$）	V_{max} [mmol/(min·mg)]
头部	39.20±5.32	1.240±0.754	20.70±11.80	0.808±0.017
胸部	13.70±9.30	0.654±0.148	3.89±3.68	0.673±0.121
腹部	4.10±0.06	4.100±0.119	13.50±1.80	7.760±3.420

2.3　东方蜜蜂和西方蜜蜂不同组织 GST 活性

以 GSH 和 CDNB 为底物，以 10 000g 离心后的上清液为 GST 测得不同组织的东方蜜蜂和西方蜜蜂工蜂 GST 的活性结果见图 3-4。

东方蜜蜂和西方蜜蜂的中肠中 GST 的活性均最高。除中肠外，西方蜜蜂 GST 活性的比例依次为去除中肠的腹部＞胸部＞头部。不同组织间 GST 活力差异显著。东方蜜蜂 GST 活性的比例依次为去除中肠的腹部＞头部＞胸部。不同组织间 GST 活力差异不显著。由图 3-4 可以看出，东方蜜蜂各组织的 GST 活性显著低于西方蜜蜂各组织。

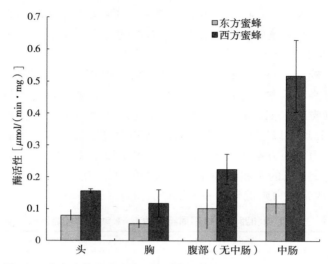

图 3-4　东方蜜蜂和西方蜜蜂工蜂体内的 GST 的不同组织分布

两个蜂种不同组织中 GST 的动力学指数结果见表 3-4。东方蜜蜂各组织间 GST 的 K_m 没有显著差异 （$P>0.05$）。西方蜜蜂中肠的 K_m 最大，其次依次为去除中肠的腹部、头部和胸部，各组织间的 K_m 差异显著。

表 3-4　东方蜜蜂和西方蜜蜂不同组织的 GST 的动力学特性

组织	东方蜜蜂		西方蜜蜂	
	K_m （mmol/L）	V_{max} [μmol/ (min·mg)]	K_m （mmol/L）	V_{max} [μmol/ (min·mg)]
头部	0.648±0.208a	0.146±0.046a	0.549±0.066a	0.245±0.005a
胸部	0.870±0.269a	0.207±0.053b	0.515±0.140b	0.283±0.048b
去除中肠的腹部	1.030±0.724a	0.151±0.060c	0.120±0.045c	0.184±0.041c
中肠	1.730±0.856a	0.269±0.078d	1.240±0.131d	0.704±0.009d

注：数据为平均值和标准差之和，同列中不同字母表示差异显著（$P<0.05$）。

两个蜂种的最大反应速度 V_{max} 具有相同的顺序，均为中肠＞

胸部＞去除中肠的腹部＞头部。两个蜂种不同组织间最大反应速度均存在显著差异。

比较同一组织不同蜂种间的 K_m 和最大反应速度结果发现，两种蜜蜂相同组织的 K_m 间没有显著差异。两种蜜蜂胸部和去除中肠的腹部的最大反应速度间没有显著差异。中肠和头部的最大反应速度在两种蜜蜂间差异显著。

2.4　东方蜜蜂和西方蜜蜂不同亚细胞层 AchE 活性

表 3-5 显示出东方蜜蜂和西方蜜蜂 AchE 的亚细胞分布。东方蜜蜂和西方蜜蜂头部 AchE 的活性主要集中在线粒体层，其次为细胞核及细胞碎片、微粒体层和上清液层，说明蜜蜂头部 AchE 主要以膜结合的形式存在。在整个匀浆液中，AchE 的主要活性存在于膜上，东方蜜蜂超过 86％、西方蜜蜂超过 93％ 的 AchE 活性位于有膜的亚细胞中（微粒体、线粒体、细胞核和细胞碎片）。

东方蜜蜂头部 AchE 在细胞核及细胞碎片层、线粒体层和微粒体层的活性均低于西方蜜蜂头部相应组织的酶活性，但只有线粒体层东方蜜蜂和西方蜜蜂活性差异显著。东方蜜蜂头部 AchE 在上清液层的酶活性高于西方蜜蜂，差异不显著。

表 3-5　东方蜜蜂和西方蜜蜂工蜂 AchE 的亚细胞分布

亚细胞结构	东方蜜蜂		西方蜜蜂	
	酶活性〔$\mu mol/$(min·mg)〕	分布百分比（％）	酶活性〔$\mu mol/$(min·mg)〕	分布百分比（％）
粗匀浆	25.47±0.57a		17.98±0.58a	
细胞碎片层（600g）	42.61±2.11b	31.93	50.61±1.00b	25.97
线粒体层（10 000g）	46.98±0.23c	35.21	101.42±0.81c	52.04
微粒体层（105 000g）	25.68±1.60d	19.25	29.23±2.74d	15.00
上清液	18.16±4.97e	13.61	13.63±1.05e	6.99

注：数据为平均值和标准差之和，同列中不同字母表示差异显著（$P<0.05$）。

2.5 东方蜜蜂和西方蜜蜂不同亚细胞层 CarE 活性

由表 3-6 可以看出，东方蜜蜂和西方蜜蜂工蜂体内 CarE 的活性主要存在于上清液中，其活性分别占总活性的 63.79% 和 75.06%。东方蜜蜂亚细胞 CarE 的活性按大小排列依次为：细胞质溶液＞细胞核及细胞碎片＞线粒体＞微粒体。

西方蜜蜂亚细胞 CarE 的活性按大小排列依次为：细胞质溶液＞细胞核及细胞碎片＞微粒体＞线粒体。

表 3-6 东方蜜蜂和西方蜜蜂工蜂的 CarE 的亚细胞分布

亚细胞结构	东方蜜蜂		西方蜜蜂	
	酶活性 [μmol/(min·mg)]	分布百分比（%）	酶活性 [μmol/(min·mg)]	分布百分比（%）
细胞碎片层（600g）	0.674±0.011a	24.88	0.474±0.011a	13.45
线粒体层（10 000g）	0.180±0.072b	6.64	0.130±0.038b	3.69
微粒体层（105 000g）	0.127±0.080c	4.69	0.275±0.033c	7.80
上清液	1.728±0.255d	63.79	2.646±0.060d	75.06
粗匀浆	1.826±0.038e	2.71	0.937±0.044e	3.53

注：数据为平均值和标准差之和，同列中不同字母表示差异显著（$P<0.05$）。

2.6 东方蜜蜂和西方蜜蜂不同亚细胞层 GST 活性

东方蜜蜂和西方蜜蜂不同亚细胞层的 GST 结果见图 3-5。东方蜜蜂和西方蜜蜂 GST 主要集中分布在上清液。东方蜜蜂和西方蜜蜂的微粒体中 GST 活性均低于上清液中的酶活性。

东方蜜蜂和西方蜜蜂 GST 的亚细胞分布情况存在差异。东方蜜蜂微粒体 GST 活性是线粒体中 GST 活性的 50%，是上清液中 GST 活性的 40%。西方蜜蜂微粒体中 GST 活性是上清液酶活性的 0.43 倍，比线粒体中 GST 活性高 1.54 倍。

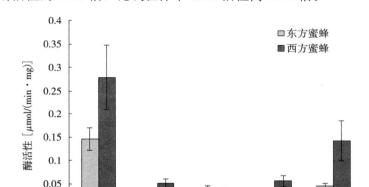

图 3-5　东方蜜蜂和西方蜜蜂工蜂的 GST 亚细胞分布

3　讨论

蜜蜂 AchE 体躯分布结果表明头部是 AchE 的主要部位。AchE 是昆虫中枢神经系统突触中主要神经递质——乙酰胆碱的分解酶，同时还是有机磷和氨基甲酸酯类杀虫剂的靶标（Fournier 等，1994）。昆虫头部有丰富的神经系统，尤其是中枢神经系统，因而头部应该是 AchE 的主要部分。

昆虫中已有许多关于 AchE 的体躯分布的报道（表 3-7）。在大多数昆虫中，头部 AchE 活性最高，除了棉铃象甲（*Anthonomus grandis*）代表另外的例子，棉铃象甲腹部 AchE 活性最高（表 3-7）。我们的结果显示，两种蜜蜂中 AchE 活性均集中在头部。这与已报道的大部分昆虫的结果一致。

表 3-7 不同昆虫 AchE 体躯分布结果比较

昆虫	组织	酶活性 [nmol/ (min·mg)]	占总活性 的百分比	参考文献
骚扰角蝇	头	817±31.08	85%	Xu，1994
	胸	116±5.06	12%	
	腹	25±1.13	3%	
黑腹果蝇	头	34.1	60%～70%	Melanson 等，1985
	胸-腹	3.8	30%～40%	
棉铃虫*	幼虫头	174.46±2.64	90.3%	高希武等， 1998
	幼虫胸	12.49±0.31	6.5%	
	幼虫腹部	6.22±0.39	3.2%	
	成虫头	1278.66±8.82	78.2%	
	成虫胸	63.27±0.72	3.9%	
	成虫腹	292.58±13.07	17.9%	
白背飞虱	若虫头部	1.7	87.7%	姚洪渭等， 2001
	若虫胸腹部	0.1	22.3%	
	雌成虫头部		71.1%	
	雌成虫胸腹部		28.6%	
	雄成虫头部		74.7%	
	雄成虫胸腹部		25.3%	
二化螟	幼虫头部	2 860±600	39.3%	彭宇等， 2002
	幼虫胸部	2 840±600	39.1%	
	幼虫腹部	1 560±300	21.6%	
	成虫头部	6 240±1 200	38.1%	
	成虫胸部	4 490±800	27.4%	
	成虫腹部	5 660±900	34.5%	
棉铃象甲	头部		40%	Bull 等， 1968
	胸部		5%	
	腹部		55%	

（续）

昆虫	组织	酶活性〔nmol/（min·mg）〕	占总活性的百分比	参考文献
东方蜜蜂	成蜂头部	12.59±1.91	54.7%	
	成蜂胸部	6.69±0.55	29.1%	本文
	成蜂腹部	3.73±0.54	16.3%	
西方蜜蜂	成蜂头部	13.21±1.33	51.0%	
	成蜂胸部	11.24±0.55	43.4%	本文
	成蜂腹部	1.45±0.26	5.6%	

＊单位为 MOD/（min·mg）。

Triton X-100 是一种非离子去污剂，被广泛地应用于 AchE 的酶源制备中，如膜蛋白洗脱、增溶等。Triton X-100 可以提高蜜蜂体内 AchE 活性，但是提高程度在东方蜜蜂和西方蜜蜂上是不同的。总体来说，东方蜜蜂 AchE 的增溶效果好，其中东方蜜蜂头部和胸部 AchE 的增溶更为明显，分别增溶了 1.83 倍和 2 倍，腹部虽然增溶了 1.96 倍，但由于其基数较低，所以没有头部和胸部明显。使用 Triton X-100 后，西方蜜蜂体内 AchE 活性虽有提高，但幅度不大，只有腹部 AchE 活性提高较大。

CarE 是害虫体内的重要解毒酶之一，在昆虫对有机磷类杀虫剂的解毒代谢中起着重要的作用（高希武等，1996）。羧酸酯酶能够与进入昆虫体内的有机磷杀虫剂快速结合，将杀虫剂在到达靶标作用位点前阻隔或降解，使其无法发挥原有的杀伤效用，因而腹部应该是 CarE 活性最高的部位。

蜜蜂 CarE 在各体躯段中均有分布，然而东方蜜蜂和西方蜜蜂工蜂成虫 CarE 主要集中在腹部，这与已经报道过的昆虫结果是一致的。白背飞虱（*Sogatella furcifera* Horvth）CarE 在雌、雄成虫中的酶活性分别是 43.5% 和 50.3%（姚洪渭等，2001）。克罗拉多马铃薯甲虫（*Leptinotarsa decemlineata* Say）大部分酯酶活性分布于上清液（47%～55%）和血淋巴（30%～

40%）中。

由于长期的进化和适应，东方蜜蜂和西方蜜蜂不但在体型大小、体色等形态学方面有所不同，在生物习性和生化方面也存在显著差异。例如，以 α-NA 为底物时，西方蜜蜂腹部 CarE 活性则显著高于东方蜜蜂腹部，说明西方蜜蜂腹部代谢 α-NA 的能力更强。以 β-NA 为底物时，东方蜜蜂腹部酶活性则显著高于西方蜜蜂腹部，意味着东方蜜蜂腹部代谢 β-NA 的酶蛋白含量高。

东方蜜蜂和西方蜜蜂各躯段 CarE 与不同底物的亲和力不同。东方蜜蜂腹部 CarE 与 α-NA 和 β-NA 的亲和力近似，而头部和胸部 CarE 均是以 α-NA 为底物时的亲和力高于以 β-NA 为底物时的亲和力。西方蜜蜂胸部 CarE 与 α-NA 和 β-NA 的亲和力近似，头部与 α-NA 的亲和力高于与 β-NA 的亲和力，而腹部 CarE 与 α-NA 的亲和力则低于与 β-NA 的亲和力。以上说明，无论是东方蜜蜂还是西方蜜蜂，各组织中 CarE 含量不同，有可能存在着 CarE 同工酶。关于各组织中 CarE 同工酶的存在和含量还有待于进一步分析和验证。

我们的研究结果表明 GST 存在于东方蜜蜂和西方蜜蜂的不同组织中，这与已有的脊椎动物和昆虫中 GST 分布特性结果类似。GST 几乎在昆虫各个组织部位都有分布，如脂肪体（Chien 等，1991；Chang 等，1981）、消化道（Kotze 等，1987；Wood 等，1986）、表皮（Kotze 等，1987）和马氏管（Stenersen 等，1987；Yu，1995）。如蝗虫的 GST 在不同的组织特别是消化系统中都有分布，如脂肪体、马氏管、胃盲囊、中肠、后肠、前肠及血液中等（Cohen 等，1964）。

张常忠等（2001）在棉铃虫 6 龄幼虫的脂肪体（其中包括有马氏管）、中肠、表皮和头部都检测出了 GST，其中脂肪体和中肠 GST 活性较高。染锥猎蝽（*Triatoma infestans*）的外生殖器是 GST 活性最高的器官（Wood 等，1986）。澳大利亚绵羊苍蝇（*Lucilia cuprina* Wiedemann）的 GST 活性 50% 位于脂肪体，

25％位于表皮中，15％位于内脏，其余 10％在血液中（Kotze 等，1987）。

蜜蜂的中肠是 GST 活性最高的组织，在东方蜜蜂和西方蜜蜂中，中肠 GST 活性分别占全部活性的 35％和 51％，腹部是蜜蜂 GST 活性集中的组织。由于中肠是昆虫消化和解毒的主要组织器官，因而应该具有较高的解毒酶活性（包括 GST），这与其他昆虫中的结论一致。动力学常数研究表明，东方蜜蜂不同组织 K_m 差异不显著，V_{max} 差异显著，表明不同体躯部位 GST 与 CDNB 和 GSH 的亲和力没有显著差异，只是酶蛋白含量不同。西方蜜蜂不同组织 K_m 和 V_{max} 差异均显著，表明不同体躯部位 GST 与 CDNB 和 GSH 的亲和力有差异，酶蛋白含量也显著不同。

差速离心法是分离纯化生物大分子或细胞器的方法之一，是利用不同强度的离心力使具有不同沉降速度的物质分批分离的方法。差速离心的结果显示，与棉铃虫（高希武等，1998）AchE 一样，蜜蜂头部 AchE 主要以膜结合蛋白形式存在，其活性主要集中在线粒体层，该层酶活性分布显著提高。东方蜜蜂和西方蜜蜂之间 AchE 活性在有膜的亚细胞中的比例略有差别。这与豆荚草盲蝽（*Lygus hesperus*）（Zhu 等，1991）、德国小蠊（*Blattella germanica*）（Siefried 等，1990）等 AchE 亚细胞分布相似，与 Polyzon（1997）曾报道意大利蜂王体内的 AchE 存在方式一致。

差速离心结果表明，东方蜜蜂和西方蜜蜂工蜂体内 CarE 的活性主要存在于上清液中，说明 CarE 在细胞内可能主要以可溶性蛋白质大分子形式存在，这与白背飞虱（姚洪渭等，2001）、褐飞虱（*Nilaparvata lugens*）（Chen 等，1994）、黑尾叶蝉（Motogoyam 等，1984）等 CarE 的亚细胞分布相似。而小菜蛾（*Plutella xylostella* L.）幼虫的 CarE 以线粒体层分布最高，微粒体层最低（李腾武等，1991）。

蜜蜂的 GST 主要分布在细胞液和微粒体中。大多数昆虫

GST 是由分子质量是 26ku 的亚基组成的同源二聚体或异源二聚体。然而由于微粒体 GST 附着在微粒体膜上，在外来物（包括化学农药）解毒方面也许比细胞液 GST 更重要，因而不能忽视其可能存在的重要作用。

张常忠等（2001）对棉铃虫 GST 的亚细胞分布研究结果也表明，GST 活性绝大部分集中在细胞液中，细胞液中的 GST 活性占全部活性的 90％以上，其他亚细胞层的分布均不足 5％。

蜜蜂的解毒酶系的分布特征是与蜜蜂对农药的解毒机制相适应的。CarE 存在于昆虫血淋巴中而遍布整个虫体，在杀虫剂进入虫体内但未到达靶标（AchE）时，CarE 发挥解毒作用而将能到达作用部位的杀虫剂降低至最小剂量；而主要存在于头部的靶标酶，即 AchE 发生变异，则会导致与杀虫剂亲和力下降而最终逃避药剂的毒害作用。

蜜蜂对化学农药具有高度敏感性，明确蜜蜂体内解毒酶系的组织分布和亚细胞分布是了解蜜蜂是否存在解毒酶系的基础，为今后进一步研究蜜蜂的解毒酶系性质、确定不同的同工酶的组分和性质奠定了坚实的基础。

第四章　蜜蜂发育期解毒酶系变化的研究

　　蜜蜂是一种重要的经济昆虫，农药问题严重制约了养蜂业的大发展。如何提高蜜蜂对化学农药的耐受力，进而减轻化学农药的危害是养蜂业中的一个重要的研究方向。

　　蜜蜂的一生从卵开始，经过卵—幼虫—蛹—成虫 4 个阶段，其幼虫和成虫在外部形态、内部构造和生活习性上具有明显的不同。幼虫前 3d 是以成年工蜂分泌的蜂王浆为食，3d 后改食由蜂蜜和蜂花粉为主要成分的蜂粮。成年工蜂以蜂蜜为食，而且要从事采蜜、采水、采花粉等采集活动，与外界的接触机会大大增加，不可避免地要接触到化学农药等有害物质。

　　本文以蜜蜂的解毒酶系——AchE、CarE 和 GST 为主要研究对象，对比研究了东方蜜蜂和西方蜜蜂在不同发育期的解毒酶的变化情况，为更好地发挥和利用蜜蜂自身的解毒酶系，为解决蜜蜂中毒奠定了基础。

1　材料与方法

1.1　试虫

　　东方蜜蜂采自中国农业大学昆虫系实验蜂场，西方蜜蜂采自中国农业科学院蜜蜂研究所育种场。不同蜂种的解毒酶系研究中所需的西方蜜蜂成年工蜂采自中国农业科学院蜜蜂研究所育种场。

取西方蜜蜂子脾抖掉脾上蜜蜂后，将脾放入 34.3℃、70％的恒温培养箱中过夜。翌日将羽化出来的成年工蜂移入空蜂箱中，这样获得 24h 内日龄较一致的成年工蜂。将子脾放回原蜂箱。每日 10:00 开始取样，每次取 10 只蜜蜂，重复 3 次。

1.2 试剂及仪器

碘化硫代乙酰胆碱（ATCH）、固蓝 B 盐为 Fluka 公司产品；5,5'-二硫双硝基苯甲酸（DTNB）为 ROTH 公司产品；毒扁豆碱、1-氯-2,4-二硝基苯（CDNB）和还原型谷胱甘肽（GSH）为 Sigma 公司产品。

α-乙酸萘酯（α-NA），化学纯，为上海试剂一厂产品；β-乙酸萘酯（β-NA），化学纯，为北京化工厂产品；牛血清白蛋白（BSA）购自北京同正生物公司。

高速冷冻离心机为日本 Hitachi 公司产品；紫外-可见分光光度仪（PE 40）为美国 PE 公司产品；电子天平（Sartorius 2004MP）为 Opton 公司产品。

1.3 酶源提取与制备

分别取 10 头东方蜜蜂、西方蜜蜂工蜂幼虫、蛹和成虫，将其整体置入 4mL 的 0.1mmol/L 磷酸缓冲液（pH 6.5）中，再于冰浴中匀浆后，在 Himac CP 80 离心机中以 10 000g 离心力离心 20min，上清液适当稀释后用于不同发育期的解毒酶的活性测定。

1.4 AchE 活性测定

同第三章 1.5。

1.5　CarE 活性测定

同第三章 1.6。

1.6　GST 活性测定

同第三章 1.7。

1.7　可溶性蛋白质含量测定

参照 Bradford（1976），用考马斯亮蓝 G250 测定各酶液中可溶性蛋白质含量。以牛血清蛋白制作标准曲线。

2　结果与分析

2.1　东方蜜蜂和西方蜜蜂不同虫态 AchE 活性

表 4-1 显示出东方蜜蜂和西方蜜蜂 AchE 含量差异。东方蜜蜂幼虫和成虫体内 AchE 的活性低于西方蜜蜂，差异不显著。而蛹体内 AchE 的活性则高于西方蜜蜂，差异显著；说明西方蜜蜂工蜂幼虫和成虫体内含有更多的酶蛋白，而东方蜜蜂蛹中酶蛋白含量高于西方蜜蜂。

对东方蜜蜂而言，随着发育时间的延长，体内 AchE 的活性不断增加，到成年时，工蜂体内的 AchE 活性最高，达 $6.39\mu mol/(min \cdot mg)$。蛹和成虫的 AchE 活性分别是幼虫的 2.3 倍和 2.5 倍，3 个虫态间 AchE 活性差异不显著。

与东方蜜蜂相反，西方蜜蜂工蜂各发育期的 AchE 活性规律为随着发育进程的进行，体内 AchE 活性呈减少趋势，由幼虫期的 $5.70\mu mol/(min \cdot mg)$ 下降为成年工蜂的 $4.47\mu mol/(min \cdot mg)$，差异不显著。西方蜜蜂雄蜂幼虫期和蛹期的活性均高于同期的工蜂，蛹期的 AchE 活性低于幼虫期。

表 4-1　两种蜜蜂不同发育期的 AchE 活性比较

虫龄	东方蜜蜂酶活性 [μmol/(min·mg)]	西方蜜蜂酶活性 [μmol/(min·mg)]
工蜂幼虫	3.54±1.95a	5.70±1.09a
工蜂蛹	5.93±0.02a	5.66±0.32a
工蜂成虫	6.39±2.84a	4.47±0.36a
雄蜂幼虫	未测定	6.60±2.77a
雄蜂蛹	未测定	5.68±0.85a

注：数据为平均值和标准差之和，同列中不同字母表示差异显著（$P < 0.05$）。

2.2　东方蜜蜂和西方蜜蜂不同发育期 CarE 活性

　　表 4-2 显示出东方蜜蜂和西方蜜蜂工蜂不同虫态间 CarE 活性差异。东方蜜蜂的幼虫期 CarE 活性最高，其次是成虫，蛹期最低，各发育期间差异显著。

　　西方蜜蜂成年工蜂的 CarE 活性最高，其次是幼虫期，蛹期最低，仅为成年工蜂的 36.2%（α-NA 为底物）和 54%（β-NA 为底物），各发育期间差异显著。

　　以 α-NA 为底物时，不同发育期的东方蜜蜂的 CarE 活性均高于同期的西方蜜蜂。不同发育期的西方蜜蜂雄蜂的 CarE 活性均高于同期的西方蜜蜂工蜂。

表 4-2　两种蜜蜂不同发育期的 CarE 活性比较

虫龄	东方蜜蜂酶活性 [mmol/(min·mg)]		西方蜜蜂酶活性 [mmol/(min·mg)]	
	α-NA	β-NA	α-NA	β-NA
工蜂幼虫	0.336±0.089a	0.581±0.123a	0.123±0.021a	0.178±0.025a
工蜂蛹	0.098±0.003b	0.073±0.005b	0.076±0.019b	0.091±0.014b
工蜂成虫	0.402±0.005c	0.317±0.025c	0.210±0.032c	0.251±0.021c
雄蜂幼虫	未测定	未测定	0.098±0.021d	0.116±0.032d
雄蜂蛹	未测定	未测定	0.059±0.003e	0.080±0.001e

注：数据为平均值和标准差之和，同列中不同字母表示差异显著（$P < 0.05$）。

2.3 东方蜜蜂和西方蜜蜂不同发育期羧酸酯酶 K_m 测定

表 4-3 和表 4-4 结果表明，无论以 α-NA 或 β-NA 为底物时，东方蜜蜂和西方蜜蜂 3 个虫态间最大反应速度均差异显著。以 β-NA 为底物时，西方蜜蜂不同发育期的 K_m 差异显著，以 α-NA 为底物时西方蜜蜂不同发育期的 K_m 差异不显著。东方蜜蜂 3 个发育期 K_m 差异不显著。

无论以 α-NA 或 β-NA 为底物，西方蜜蜂工蜂幼虫期羧酸酯酶的 K_m 比东方蜜蜂羧酸酯酶的 K_m 高约 1 倍，表明西方蜜蜂工蜂幼虫对 α-NA 的亲和力比东方蜜蜂的低。

以 α-NA 为底物时，东方蜜蜂和西方蜜蜂幼虫期羧酸酯酶的 K_m 高于以 β-NA 为底物时的 K_m，表明蜜蜂（东方蜜蜂和西方蜜蜂）幼虫期羧酸酯酶是亲 β-NA 型的。

以 α-NA 为底物时，西方蜜蜂蛹期羧酸酯酶的 K_m 比东方蜜蜂羧酸酯酶的 K_m 低 3.5 倍，表明西方蜜蜂工蜂蛹对 α-NA 的亲和力比东方蜜蜂的高。而东方蜜蜂和西方蜜蜂成年工蜂对 α-NA 的亲和力近相等。

以 β-NA 为底物时，东方蜜蜂和西方蜜蜂工蜂蛹对 β-NA 的亲和力近似相等。而西方蜜蜂成年工蜂羧酸酯酶的 K_m 比东方蜜蜂羧酸酯酶的 K_m 低约 4.9 倍，表明西方蜜蜂成年工蜂对 β-NA 的亲和力比东方蜜蜂的高。

对西方蜜蜂成年雄蜂幼虫和蛹而言，以 α-NA 为底物时两个虫态的羧酸酯酶的 K_m 均高于相应的以 β-NA 为底物时的 K_m，说明西方蜜蜂成年雄蜂幼虫和蛹羧酸酯酶对 β-NA 的亲和力高。

表 4-3　两种蜜蜂 CarE 的动力学常数比较（α-NA 为底物）

虫龄	东方蜜蜂		西方蜜蜂	
	K_m (μmol/L)	V_{max} [mmol/ (min·mg)]	K_m (μmol/L)	V_{max} [mmol/ (min·mg)]
工蜂幼虫	6.47±0.97a	0.49±0.02a	14.19±4.74a	0.34±0.05a
工蜂蛹	10.44±5.11a	0.26±0.02b	2.62±0.01a	0.17±0.02b
工蜂成虫	3.82±0.78a	0.37±0.02c	3.87±0.09a	0.28±0.04c
雄蜂幼虫	未测定	未测定	7.83±0.39a	0.27±0.01d
雄蜂蛹	未测定	未测定	6.47±3.60a	0.09±0.01e

注：数据为平均值和标准差之和，同列中不同字母表示差异显著（$P<0.05$）。

表 4-4　两种蜜蜂 CarE 的动力学常数比较（β-NA 为底物）

虫龄	东方蜜蜂		西方蜜蜂	
	K_m (μmol/L)	V_{max} [mmol/ (min·mg)]	K_m (μmol/L)	V_{max} [mmol/ (min·mg)]
工蜂幼虫	3.10±1.11a	1.03±0.26a	8.28±2.39a	0.31±0.05a
工蜂蛹	3.78±1.64a	0.41±0.08b	3.94±0.41b	0.19±0.04b
工蜂成虫	0.46±0.12a	0.51±0.09c	1.48±0.50c	0.36±0.03c
雄蜂幼虫	未测定	未测定	22.48±9.27d	0.31±0.03d
雄蜂蛹	未测定	未测定	5.59±0.53e	0.16±0.02e

注：数据为平均值和标准差之和，同列中不同字母表示差异显著（$P<0.05$）。

2.4　东方蜜蜂和西方蜜蜂不同发育期 GST 活性测定

由表 4-5 可以看出，东方蜜蜂和西方蜜蜂不同发育期的 GST 活性不同。东方蜜蜂不同发育期的 GST 活性低于相应发育期的西方蜜蜂的酶活性。东方蜜蜂的 GST 活性随着发育进程而增加。从幼虫期至蛹期，东方蜜蜂的 GST 活性增加了 119%，而蛹期至成虫期 GST 活性变化不大。

西方蜜蜂工蜂幼虫期 GST 活性最高，成虫期酶活性最低。不同发育期的西方蜜蜂雄蜂的 GST 活性高于相应阶段的工蜂。

表 4-5　两种蜜蜂不同发育期的 GST 活性比较

虫龄	东方蜜蜂			西方蜜蜂		
	酶活性 *	K_m (nmol/L)	V_{max} *	酶活性 *	K_m (nmol/L)	V_{max} *
工蜂幼虫	0.037± 0.001a	0.615± 0.235a	0.067± 0.025a	0.186± 0.025a	0.547± 0125a	0.224± 0.017a
工蜂蛹	0.081± 0.007b	0.369± 0.207a	0.140± 0.050a	0.181± 0.006b	0.542± 0.120a	0.231± 0.034a
工蜂成虫	0.081± 0.012c	0.684± 0.203a	0.120± 0.025a	0.115± 0.020c	0.505± 0.077a	0.205± 0.075a
雄蜂幼虫	未测定	未测定	未测定	0.190± 0.024d	0.439± 0.090a	0.315± 0.012a
雄蜂蛹	未测定	未测定	未测定	0.323± 0.041e	0.473± 0.160a	0.332± 0.038a

＊ 单位为 nmol/(min·mg)。数据为平均值和标准差之和，同列中不同字母表示差异显著（$P < 0.05$）。

表 4-5 中也显示了以 CDNB 为底物的两种蜜蜂的 K_m 和 V_{max}，从幼虫至成虫的不同阶段，两种蜜蜂的 K_m 和 V_{max} 差异均不显著。然而东方蜜蜂和西方蜜蜂的 K_m 趋势不同，东方蜜蜂工蜂由幼虫发育至蛹，其 K_m 下降了 40%。从蛹发育至成虫，K_m 增加了 85%。不同发育期的西方蜜蜂的 K_m 变化趋势与其酶活性的变化趋势相同，即从幼虫至成虫，K_m 呈下降趋势。

两种蜜蜂的不同发育期的 GST 的 V_{max} 的变化趋势相同，即蛹期最高，成虫期次之，幼虫期最低。

与工蜂相比，西方蜜蜂的雄蜂的 K_m 低于工蜂，V_{max} 则高于工蜂。

2.5　西方蜜蜂成年工蜂不同日龄的 AchE 活性变化

图 4-1 显示出西方蜜蜂成年工蜂 AchE 日龄变化。随着日龄

的变化，AchE 活性波动较大，从最低值 7.16μmol/(min·mg)
到最高值 52.64μmol/(min·mg)。最低值出现在 16 日龄，最高
值出现在 21 日龄，次高峰出现在 9 日龄。从 1～24 日龄间有几
个高峰出现，分别在 5、9、15、19 和 21 日龄。

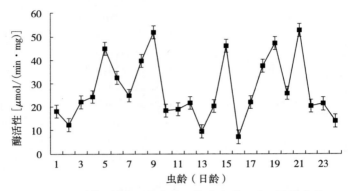

图 4-1　不同日龄的西方蜜蜂工蜂成虫的 AchE 活性变化

2.6　西方蜜蜂成年工蜂不同日龄的羧酸酯酶活性变化

图 4-2 显示出西方蜜蜂成年工蜂 CarE 日龄变化。随着日龄
的变化，CarE 活性是波动的。比较同一日龄不同底物的 CarE
活性时发现，以 β-NA 为底物的 CarE 活性高于以 α-NA 为底物
的 CarE 活性。

以 α-NA 为底物时，不同日龄的西方蜜蜂成年工蜂的 CarE
活性在 1mmol/(min·mg) 附近波动，在 14 日龄时有一个小高
峰，达到 1.29mmol/(min·mg)。以 β-NA 为底物时，不同日龄
的西方蜜蜂成年工蜂的 CarE 活性的变化范围较大。在 1～24 日
龄间，出现了几个小的高峰，16、17、22 和 24 日龄的酶活性都
超过了 2mmol/(min·mg)，24 日龄的酶活性最高，达到
2.44mmol/(min·mg)。

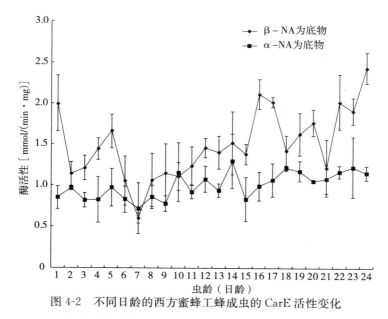

图 4-2 不同日龄的西方蜜蜂工蜂成虫的 CarE 活性变化

2.7 西方蜜蜂成年工蜂不同日龄的谷胱甘肽硫转移酶活性变化

图 4-3 显示出西方蜜蜂成年工蜂 GST 日龄变化。从 1～20 日龄，GST 活性在 $0.2～0.4\mu\text{mol}/(\text{min} \cdot \text{mg})$ 波动。21 日龄时 GST 活性有一个大的突增，达到 $0.75\mu\text{mol}/(\text{min} \cdot \text{mg})$ 的高峰。

2.8 不同蜂种 AchE 活性比较

表 4-6 显示不同蜂种的成年工蜂头部 AchE 酶活性比较结果。不同蜂种的成年工蜂头部 AchE 酶活性差异显著，引自澳大利亚的意大利蜜蜂 AchE 酶活性最高，达 $51.227\mu\text{mol}/(\text{min} \cdot \text{mg})$。其他蜂种的酶活性按以下顺序递减：东方蜜蜂＞卡尼鄂拉蜂＞高加索蜂＞安纳托利亚蜂。引自澳大利亚的意大利蜜蜂、东

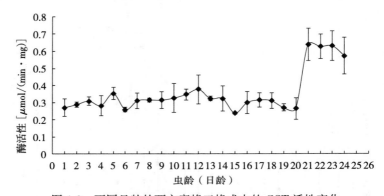

图 4-3　不同日龄的西方蜜蜂工蜂成虫的 GST 活性变化

方蜜蜂、卡尼鄂拉蜂和高加索蜂的 AchE 酶活性分别是安纳托利
亚蜂的 2.96、1.97、1.82 和 1.81 倍。

表 4-6　不同品种的蜜蜂成年工蜂头部的 AchE 活性比较

蜂　　　种	酶活性 $[\mu\mathrm{mol}/(\mathrm{min} \cdot \mathrm{mg})]$
意大利蜜蜂（引自澳大利亚）	$51.227 \pm 9.506\mathrm{a}$
高加索蜂 A. mellifera caucasica	$31.255 \pm 3.104\mathrm{b}$
安纳托利亚蜂 A. mellifera anatolica	$17.285 \pm 0.608\mathrm{c}$
卡尼鄂拉蜂 A. mellifera carnica	$31.603 \pm 1.372\mathrm{d}$
中华蜜蜂 A. cerana	$34.072 \pm 2.928\mathrm{e}$

注：数据为平均值和标准差之和，同列中不同字母表示差异显著（$P < 0.05$）。

2.9　不同蜂种 CarE 活性比较

不同蜂种的成年工蜂腹部 CarE 活性比较结果见表 4-7。不
同蜂种以 β-NA 为底物时的酶活性均高于以 α-NA 为底物时的酶
活性。以 α-NA 为底物时，以中华蜜蜂的 CarE 活性最高，高加
索蜂的活性最低，但各蜂种间的差异不显著。以 β-NA 为底物
时，以卡尼鄂拉蜂的 CarE 活性最高。其他蜂种的酶活性按以下
顺序递减：意大利蜜蜂＞安纳托利亚蜂＞中华蜜蜂＞高加索蜂。

各蜂种间的差异显著。

表 4-7 不同品种的蜜蜂成年工蜂腹部 CarE 活性比较

蜂 种	酶活性 [mmol/(min·mg)]	
	α-NA	β-NA
卡尼鄂拉蜂 A. mellifera carnica	0.881±0.016a	2.238±0.073a
意大利蜜蜂 （引自澳大利亚）	0.857±0.119a	2.094±0.103b
安纳托利亚蜂 A. mellifera anatolica	0.803±0.011a	1.912±0.086c
高加索蜂 A. mellifera caucasica	0.609±0.254a	1.249±0.081d
中华蜜蜂 A. cerana	0.938±0.297a	1.471±0.230e

注：数据为平均值和标准差之和，同列中不同字母表示差异显著（$P<0.05$）。

2.10 不同蜂种 GST 活性比较

不同蜂种成年工蜂的 GST 活性比较见表 4-8。高加索蜂的活性最高，东方蜜蜂的活性最低。各蜂种间的 GST 活性差异显著。

不同蜂种间的最大反应速度和米氏常数也差异显著。当 GSH 的浓度固定时，不同蜂种的 K_m 依次为 0.50、0.20、0.26、0.13 和 3.83mmol/L。西方蜂种中，卡尼鄂拉蜂的 K_m 最大，最低是高加索蜂。中华蜜蜂的 K_m 显著高于西方蜂种。

西方蜂种中，安纳托利亚蜂的最大反应速度最大，高加索蜂的最大反应速度最小。酶的分解效率（最大反应速度与米氏常数的比值）分别是 0.62、1.65、1.54、1.85 和 0.09。

表 4-8 不同品种的蜜蜂成年工蜂腹部 GST 活性比较

蜂 种	酶活性 [μmol/(min·mg)]	K_m (mmol/L)	最大反应速度 [μmol/(min·mg)]
卡尼鄂拉蜂 A. mellifera carnica	0.33±0.05a	0.50±0.18a	0.31±0.14a
意大利蜜蜂 （引自澳大利亚）	0.40±0.08b	0.20±0.09b	0.33±0.03b
安纳托利亚蜂 A. mellifera anatolica	0.42±0.05c	0.26±0.13c	0.40±0.07c
高加索蜂 A. mellifera caucasica	0.45±0.08d	0.13±0.01d	0.24±0.02d
中华蜜蜂 A. cerana	0.21±0.07f	3.83±0.02f	0.36±0.03f

注：数据为平均值和标准差之和，同列中不同字母表示差异显著（$P<0.05$）。

3 讨论

关于蜜蜂解毒酶系的发育期规律，相关的文献较少。我们的研究结果表明，蜜蜂解毒酶（AchE、GST 和 CarE）在整个发育期内都存在，而且活性在发育期内有明显变化。GST 和 CarE 活性存在显著差异，AchE 活性差异不显著。随着发育时间的延长，东方蜜蜂 AchE 和 GST 活性随着发育进程呈增加趋势，西方蜜蜂工蜂体内 AchE 活性呈减少趋势。

整个发育期内，两种蜜蜂头部 AchE 活性没有显著差异，说明 AchE 活性在整个发育期内没有大的变化。不同日龄成年工蜂头部 AchE 活性结果表明，AchE 活性在成年工蜂体内是变化的。Kazer 等（1974）以西方蜜蜂工蜂成虫的 3 个阶段：采集蜂、封盖子附近蜜蜂和储存区蜜蜂研究了头部 AchE 的变化情况后发现，采集蜂活性最低，为 70 个单位，而其他两种蜜蜂则为 142.5 和 143.5 个单位，这与我们西方蜜蜂工蜂体内 AchE 活性随着发育进程呈减少趋势的结论是一致的。Rockstein（1950）的结果也表明，西方蜜蜂工蜂 AchE 活性在刚羽化时高，此后一直保持到老年。

CarE 活性在东、西方蜜蜂工蜂不同发育期内都存在，且活性是变化的，各发育期间差异显著。东方蜜蜂的幼虫期 CarE 活性最高，其次是成虫，蛹期最低。西方蜜蜂成年工蜂的 CarE 活性最高，其次是幼虫期，蛹期最低。这说明，不同蜂种在不同发育阶段对 α-NA 和 β-NA 的解毒代谢作用不同。

昆虫各个发育期均能发现解毒酶，昆虫解毒酶活性随发育期变化的现象已不同昆虫中得到验证。如棉铃虫 GST 活性在发育期内有明显变化，卵期活性最低，6 龄和化蛹初期活性最高（张常忠等，2001）。而黄粉甲（*Tenebrio molitor*）蛹期 GST 活性最低（Wood 等，1986）。*Hylobucs abietis* 整个发育期活性几乎没有变化（Stenersen 等，1987）。美洲棉铃虫（*Helicoverpa zea*）在 5 龄幼虫期 GST 活性达到高峰（Chien 等，1991）。

已知的 4 种昆虫 GST 表现出与东方蜜蜂类似的发育期变化规律。这 4 种昆虫是羊丽蝇（*Lucilia cuprina*）、埃及斑蚊（*Aedes aegypti*）、小菜蛾（*Plutella xylostella*）和棉铃虫（*Helicoverpa armigera*），即 GST 活性最高出现在蛹期。羊丽蝇（*Lucilia cuprina*）中 GST 活性在蛹期达到最高，成虫期下降至 15%（Kotze and Rose，1987）。哺乳动物和昆虫中成虫期 GST 活性低也比较普遍（Gregus 等，1985；Kotze and Rose，1987）。估计其原因可能有以下 3 个：首先，蛹期是不动的，更容易被包括有害物质在内的不良环境所伤害（Gillott，1980），因而需要高的解毒酶活性。其次，蛹期是成虫器官的形成和改造时期（Doctor and Fristrom，1985），因而酶活性高意味着解毒能力的提高以通过抑制有害物质来保护随之而来的重要器官和关键的合成步骤。最后，成年工蜂腹部的脂肪体含量不高。昆虫的脂肪体相当于哺乳动物的肝脏，是最重要的解毒器官，因而成年工蜂体内的低脂肪体含量与其 GST 活性低有关。

不同发育期的东方蜜蜂的 V_{max} 不同，从幼虫期至蛹期最大反应速度是增加的，而从蛹期至成虫期则下降。这说明蛹期 GST 总量是增加的。蛹期是昆虫成虫繁殖的前一个时期，许多昆虫的蛹期都具有抵抗不良环境的能力，GST 的总量增加可以为这个阶段提供更大的保护，补偿由于 K_m 增加而导致的 GST 对 GSH 的亲和力下降。东方蜜蜂成虫期的 K_m 高和 V_{max} 低意味着 GST 的总量和亲和力均较低，GST 在东方蜜蜂成虫的解毒中起着不太重要的作用。

西方蜜蜂幼虫期的 GST 活性高于蛹期和成虫期，不同发育期的酶活性差异显著。与蛹期相比，幼虫期大量取食，因而接触的有害物质较多，需要较高的 GST 酶来进行解毒。

不同发育期的东方蜜蜂和西方蜜蜂 GST 的 K_m 和 V_{max} 结果

之间没有显著差异，这表明不同发育阶段的 GST 只是含量改变，没有发生结构的改变或生成新类型的酶。实际上，不同发育期的西方蜜蜂 GST 的最大反应速度均高于同期的东方蜜蜂。

然而，西方蜜蜂（$A.\ mellifera\ macedonica$）（Papadopoulos 等，2004a）和黄粉甲（$T.\ infestans$）（Wood 等，1986）的 GST 活性在成虫期最高。K_m 和 V_{max} 在幼虫期、蛹期和成虫期相似。这个结果与我们的类似，同样意味着不同阶段的 GST 酶增加的只是数量。

昆虫不同日龄的 GST 活性差异已经有了报道，通常被认为是环境或遗传的结果。二斑叶螨雌成螨（$Tetranychus\ urticae$）GST 活性最高峰出现在 2～4 日龄，随后其 GST 活性下降。GST 活性变化受年龄影响的例子在动物中也很多，如在老鼠（Shoemaker 等，1981；Spearman and Lerbman，1984）和蚊子（Hazelton and Land，1983）中都有，虽然有时变化不大。

不同日龄的西方蜜蜂成年工蜂的 GST 随着发育进度而变化，在 21 日龄时 GST 活性突增，达到最高峰；在 6 日龄时活性最低。在蜂群中，除产卵由蜂王承担外，其余蜂群生存和繁殖所必备的工作，如保温、饲喂小幼虫、筑巢、守卫、采集活动等均由工蜂从事。所有的活动均由不同日龄的工蜂来从事。20 日龄后的工蜂主要从事采集活动。由于 GST 对有毒物质起着解毒作用，因而当工蜂暴露在外界环境中，面临着更多的外来物质的危害时，GST 的酶活性增加是必然的。我们的结果与 Smirle and Wisnton（1987）关于 GST 在成年工蜂采集时达到最高，GST 在成虫期起着重要作用的报道是一致的。

我们的结果显示，西方蜜蜂的雄蜂的 GST 活性要高于工蜂，这个结果与已经报道的脊椎动物和昆虫中的酶结果相似。春天采集到的欧洲黄盖蜂（$Limande\ limande$）的 GST 表现出性别差异。产卵前，同一地点的雄性的 GST 活性高于雌性（Danischewski 等，1995）。黄粉甲（$T.\ infestans$）雄性外生殖器的 GST 活性高于雌性（Wood 等，1986）。

不同蜂种间的 GST 活性和动力学特性的研究结果表明，GST 在自然界种间是不同的。GST 活性的种间差异在淡水鱼和咸水鱼中都存在（Lars Förlin，1995）。在 3 种水稻遗传系中也发现了 GST 活性品种间差异（Fan Deng 等，2002）。在老鼠肝脏中也发现了 GST 活性的种内差异（Wheldrake 等，1981）。GST 酶的多型性也许能解释上述结果。在自然界，GST 存在多个同工酶是一个普遍现象，如在脊椎动物、鱼和哺乳动物中都有这个现象。在昆虫中 GST 存在多个同工酶也是一个比较普遍的现象，在许多昆虫中都有报道。黄粉甲（*T. molitor*）幼虫中已发现了 4 种 GST 同工酶的存在，GST 的特性随着发育期而改变（Kostaropoulos 等，1996）。果蝇（*Drosophila melanogaster*）GST 蛋白主要分为两类：GST D 和 GST 2。GST D 由 8 个无内区的基因组成。

刺果蝇（*D. simulans*）GST 有 3 种类型：GST D、GST 2 和第三种类型（Gaëlle 等，2001）。黏虫幼虫中肠中发现了 5 种 GST 同工酶，分别命名为 MG GST-1、MG GST-2、MG GST-3、MG GST-4 和 MG GST-5，所有的同工酶都是由相对分子质量为 26 700～30 000 的亚基组成的异源二聚体。在幼虫发育期内，同工酶的组成上没有质的变化。脂肪体由 3 种同工酶组成，分别命名为 FB GST-1、FB GST-2 和 FB GST-3，所有的同工酶都是由相对分子质量为 20 100～29 000 的亚基组成的同源二聚体（Yu 等，1995）。

GST 同工酶的分布情况会因组织和区域的差异而不同，这点也在老鼠中得到验证（Haider，2004）。GST 同工酶的外形也会因某些生理因素而改变，如年龄（Tee 等，1992；Carrillo 等，1991）和性别（Singhal 等，1992；McLellan 等，1987）等。

在西方蜜蜂（*A. mellifera*）纯化的细胞液中已经发现了 GST 的两种主要同工酶，它们存在于所有发育阶段中（Kostaropoulos

等，2004b）。

    总之，对于东方蜜蜂和西方蜜蜂不同发育阶段解毒酶的研究，有助于我们合理利用其解毒作用，减少蜜蜂的农药中毒。关于各发育期解毒酶的同工酶性质和组分含量及西方工蜂 21 日龄时的 GST 性质要进一步深入研究。

第五章 化学农药对蜜蜂解毒酶系的影响研究

　　蜜蜂既能酿蜜，又能为植物传粉。在农副业生产中，养蜂业具有相当大的经济价值。为应用生物防治和更好地利用蜜蜂授粉而对蜜蜂采取保护措施是必要的。然而，在整个生态系统中，由于农药的广泛使用，对蜜蜂安全的威胁不可避免。因此农药对蜜蜂安全性的评价，是新农药开发中不可缺少的组成部分。

　　与其他昆虫一样，蜜蜂有着非常活跃的解毒酶系统（Yu等，1984），然而每年仍会有许多蜂群因为农药而中毒死亡。通过选育来增加蜜蜂耐药性的方法是有争论的。部分研究结果表明，要提高蜜蜂对农药的耐药性是行不通的（Atkins等，1962；Grave等，1965；Tucker等，1980）。为了了解耐药性蜜蜂选育失败的原因，筛选出合适的耐药性研究方法，对蜜蜂的耐药性机制进行研究是必要的。如果解毒酶活性的提高是蜜蜂对农药耐受力的主要因素，那么选择解毒酶活性高的蜜蜂品系就有可能缓解蜜蜂的农药中毒现象。

　　Tahori等（1969）已经报道了蜂群在二嗪磷的耐受力方面存在差异；差异主要与多功能氧化酶有关（Smirle等，1987）。Smirle（1990）的研究结果表明，西方蜜蜂的蜂群在对二嗪磷、残杀威、阿特灵和甲萘威的耐受力上存在种群间的差异。西方蜜蜂蜂群对二嗪磷和残杀威的耐受力与多功能氧化酶和GST的活性呈正相关，对阿特灵的耐受力则与这两个酶呈负相关。

关于亚致死剂量农药对蜜蜂解毒酶系的影响研究较少。Yu 等（1984）选择 5 种杀虫剂：甲氧滴滴涕、甲萘威、马拉硫磷、氯菊酯和除虫脲，将西方蜜蜂的蜂群置于 5 种杀虫剂的亚致死剂量（相当于 $1/3\ LC_1$）下，比较 5 种农药对蜜蜂解毒酶的影响，结果显示氯菊酯能显著增加 GST 活性，马拉硫磷能显著抑制羧酸酯酶的活性，其他农药对酶的活性没有影响。

然而关于亚致死剂量的杀虫剂对东方蜜蜂解毒酶的影响至今未见报道。本论文选用 5 种常见的杀虫剂来进行农药对蜜蜂的毒性及亚致死剂量的农药对蜜蜂解毒酶的影响研究。

1 材料与方法

1.1 试虫

东方蜜蜂采自中国农业大学昆虫系实验蜂场，西方蜜蜂采自中国农业科学院蜜蜂研究所育种场。

8:30 采集健康的蜂群中的成年工蜂用于生物测定和解毒酶活性测定。

1.2 试剂、化学药剂及仪器

碘化硫代乙酰胆碱（ATCH）、毒扁豆碱、1-氯-2，4-二硝基苯（CDNB）和还原型谷胱甘肽（GSH）为 Sigma 公司产品。固蓝 B 盐为 Fluka 公司产品；5,5'-二硫双硝基苯甲酸（DTNB）为 ROTH 公司产品；乙二胺四乙酸（EDTA）、十二烷基苯磺酸钠（SDS）为 Fisher 公司产品。

α-乙酸萘酯（α-NA），化学纯，为上海试剂一厂产品；牛血清白蛋白（BSA）购自北京同正生物公司。

高速冷冻离心机，日本 Hitachi 公司产品；紫外可见分光光度仪（PE 40）为美国 PE 公司产品；电子天平（Sartorius

2004MP）为 Opton 公司产品。

氟胺氰菊酯，含量 90%，日本三菱株式会社；马拉硫磷（malathion）原药，含量 92.3%，辽宁葫芦岛农药厂；灭多威（methomyl）原药，含量 90%，江苏常隆化工有限公司；双甲脒，含量 98%，江苏绿利来股份有限公司；甲氰菊酯，2 090 mg/L，江苏皇马农化有限公司。

1.3 农药对蜜蜂的毒性测定

采用血清瓶药膜法测定化学农药对西方蜜蜂和东方蜜蜂的毒性。

按照等比的方法预先将药物配制成 6～8 个浓度系列。处理组的血清瓶四周预先用 1mL 化学农药的丙酮溶液处理，均匀滚动使 1mL 溶液正好能覆盖容器表面，成薄薄一层。当丙酮挥发后，药液在器皿内表面形成残留药膜。对照组的血清瓶内壁和底部预先用 1mL 丙酮处理。置于通风处，让其自然风干 24h 后备用。

从蜂脾上取工蜂，每只血清瓶内移入 10 只成年工蜂，并以适量脱脂棉浸渍 50% 的糖水作为饲料饲喂蜜蜂。将血清瓶置于 32.5℃、相对湿度为 70% 的培养箱中，保持 24h 后，检查实验结果，以蜜蜂死亡不能活动作为死亡标准。

每个实验浓度重复 3 次。生测结果用 Polo 软件进行分析。

1.4 亚致死剂量化学药剂对蜜蜂的影响样品取样

按照第五章 1.3 的方法计算出每种农药对蜜蜂的 LC_5。以 1mL 含有 LC_5 浓度的丙酮溶液制作血清瓶药膜，以不含药剂的丙酮溶液作对照。每个血清瓶中放入 10 只待试蜜蜂，马上将血清瓶放入 32.5℃、相对湿度为 70% 的培养箱中。自蜜蜂放入血清瓶后开始计时，按照 1、2、4、8、12、16、20 和 24h 开始取样。每次取蜜蜂 10 只。每个实验重复 3 次。

1.5 酶源提取与制备

分别取 10 只蜜蜂，分别按照以下方法进行匀浆：将头部加入适量的含 0.1% Triton X-100 0.1mol/L pH 7.5 磷酸缓冲液，腹部加入适量的 0.1mol/L pH 7.0 磷酸缓冲液，腹部加入适量的 0.1mol/L pH 6.5 磷酸缓冲液，于冰浴中匀浆后，在 Himac CP 80 离心机中以 10 000g 离心力离心 20min，上清液适当稀释后用于 AchE、CarE 和 GST 的活性测定。

1.6 AchE 活性测定

同第三章 1.5。

1.7 CarE 活性测定

同第三章 1.6，以 α-NA 为底物。

1.8 GST 活性测定

同第三章 1.7。

1.9 化学农药对蜜蜂 CarE 的离体抑制测定

参照高希武等（1996）的方法测定，以 α-NA 或 β-NA 为底物。按照等比原则，将药液以丙酮稀释成 5～6 个浓度梯度，在 100μL 酶液中预先加入 10μL 配置好的药液，在 30℃下水浴反应 5～10min 后，加入下列反应体系：0.04mol/L pH 7.0 PBS 缓冲液 0.9mL、4×10^{-4}mol/L 醋酸萘酯（α-NA）0.9mL（加有终浓度为 4×10^{-4}mol/L 的毒扁豆碱），于 35℃下水浴反应 10min 后加 0.9mL 显色剂（1% 坚固蓝 B 盐和 5% SDS 以 2：5 混合）终止反应，15min 后在 600 和 555nm 处测定光密度值。

1.10 可溶性蛋白质含量测定

同第二章 1.5。

2 结果与分析

2.1 东方蜜蜂和西方蜜蜂对 5 种化学药剂的敏感性比较

从表 5-1 可以看出，东方蜜蜂和西方蜜蜂对 5 种化学药剂的敏感性不同，东方蜜蜂比西方蜜蜂更敏感。5 种化学药剂对西方蜜蜂工蜂成虫的毒力顺序为：甲氰菊酯＞马拉硫磷＞灭多威＞双甲脒＞氟胺氰菊酯；甲氰菊酯对西方蜜蜂毒性是氟胺氰菊酯毒性的 111.2 倍。5 种化学药剂对东方蜜蜂工蜂成虫的毒力顺序为：马拉硫磷＞甲氰菊酯＞双甲脒＞灭多威＞氟胺氰菊酯；马拉硫磷对东方蜜蜂的毒性是氟胺氰菊酯对东方蜜蜂毒性的 2 125 倍。对西方蜜蜂而言，养蜂业中两种常用的杀螨剂——双甲脒和氟胺氰菊酯的毒性比灭多威等 3 种化学农药的毒性小，氟胺氰菊酯对西方蜜蜂的 LD_{50} 是双甲脒 LD_{50} 的 10.4 倍。对东方蜜蜂而言，常用的杀螨剂——双甲脒比灭多威的毒性还要大。

表 5-1　东方蜜蜂和西方蜜蜂成年工蜂对 5 种化学药剂的敏感性比较

化学农药	蜂种	LD_5 （mg/kg）	95％的置信限	斜率
甲氰菊酯	西方蜜蜂 A. mellifera	1.682	1.167～2.601	3.511±0.501
	中华蜜蜂 A. cerana	0.228	0.170～0.285	3.559±0.659
氟胺氰菊酯	西方蜜蜂 A. mellifera	187.763	112.318～264.975	1.692±0.385
	中华蜜蜂 A. cerana	8.500	2.533～16.071	1.868±0.306
双甲脒	西方蜜蜂 A. mellifera	18.055	13.227～27.434	2.059±0.343
	东方蜜蜂 A. cerana	0.899	0.509～1.296	2.163±0.426

（续）

化学农药	蜂种	LD_5 （mg/kg）	95%的置信限	斜率
马拉硫磷	西方蜜蜂 A. mellifera	1.916	0.862～2.993	1.212±0.360
	中华蜜蜂 A. cerana	0.004	0.001～0.009	0.617±0.196
灭多威	西方蜜蜂 A. mellifera	2.432	1.899～3.031	2.615±0.380
	东方蜜蜂 A. cerana	1.501	0.951～2.333	3.501±0.486

2.2 5种亚致死剂量的化学药剂对东方蜜蜂和西方蜜蜂的 AchE 活性影响

由图 5-1 至图 5-5 可以看出，亚致死剂量的 5 种化学药剂在 24h 内对东方蜜蜂和西方蜜蜂 AchE 的作用和影响不同。马拉硫磷对西方蜜蜂 AchE 的影响比东方蜜蜂大；其他 4 种化学药剂对西方蜜蜂的 AchE 的影响较小，对东方蜜蜂 AchE 的影响较大。甲氰菊酯、灭多威和马拉硫磷能诱导东方蜜蜂头部 AchE 活性增加，抑制西方蜜蜂头部 AchE 活性的增加。氟胺氰菊酯对西方蜜蜂头部 AchE 有诱导作用，对东方蜜蜂 AchE 的形成起抑制作

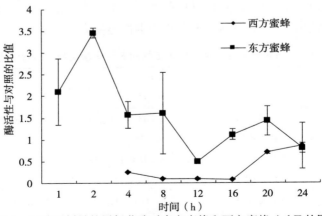

图 5-1　亚致死剂量的甲氰菊酯对东方蜜蜂和西方蜜蜂 AchE 的影响

用。双甲脒能诱导东方蜜蜂头部 AchE 产生，对西方蜜蜂头部 AchE 则影响不大。

由图 5-1 可以看出，LC_5 剂量的甲氰菊酯在施用 1h 后，诱导西方蜜蜂的工蜂体内的 AchE 产生，活性增加，随后抑制其 AchE 的产生，直到 20h 时酶活性有一个小的增加。施用 LC_5 剂量的甲氰菊酯后，东方蜜蜂体内 AchE 成增加趋势，在施用 8h 时，AchE 活性最高，16h 和 20h 时达到第二和第三个高峰，其后活性迅速下降。

由图 5-2 可以看出，施用亚致死剂量的氟胺氰菊酯对东方蜜蜂体内 AchE 有抑制作用，但 20h 内东方蜜蜂体内的 AchE 活性呈增加趋势。除 8h 时氟胺氰菊酯对西方蜜蜂体内的 AchE 受抑制外，其他时间氟胺氰菊酯对西方蜜蜂体内 AchE 有诱导作用。8h 内其诱导作用逐渐减弱，12h 后诱导作用逐渐增强，到 16h 时诱导最强，其后成抑制作用。

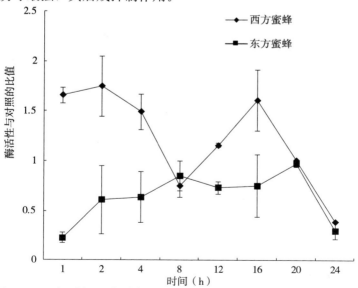

图 5-2 亚致死剂量的氟胺氰菊酯对东方蜜蜂和西方蜜蜂 AchE 的影响

由图 5-3 可以看出，LC_5 剂量的双甲脒在施用 1h 后，西方蜜蜂的工蜂体内的 AchE 活性增加，随后在小范围内（1～1.5 倍）浮动。施用 LC_5 剂量的双甲脒后，东方蜜蜂体内 AchE 成增加趋势，在施用 8h 时，AchE 活性最高，20h 时达到次高峰，其后活性下降很快，到 24h 时 AchE 的活性仅略高于施用 1h 时的活性。

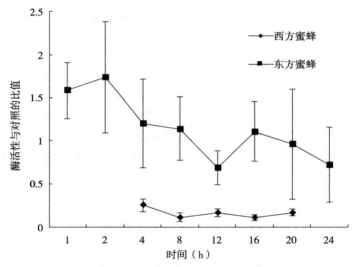

图 5-3 亚致死剂量的双甲脒对东方蜜蜂和西方蜜蜂 AchE 的影响

由图 5-4 可以看出，灭多威对西方蜜蜂 AchE 的影响较小，变化幅度最大为 1.5 倍（8h）；对东方蜜蜂的影响较大，可高达 3 倍多（20h）。施用灭多威后，东方蜜蜂体内 AchE 活性增加，除 1h 和 24h 酶活性受到抑制外。LC_5 剂量的灭多威施用 8h 和 12h 时，西方蜜蜂工蜂体内的 AchE 活性增加，其他时间酶活性均受到抑制。

由图 5-5 可以看出，马拉硫磷对东方蜜蜂和西方蜜蜂 AchE 的影响均较大，西方蜜蜂变化幅度高达 3.67 倍（1h），对东方蜜蜂的影响可达 3.15 倍（16h）。马拉硫磷在使用初期（4h 前）会抑制东方蜜蜂头部 AchE 活性，其后则刺激其产生，酶活性增加。LC_5 剂量的马拉硫磷除在使用 1h 和 12h 时，西方蜜蜂工蜂

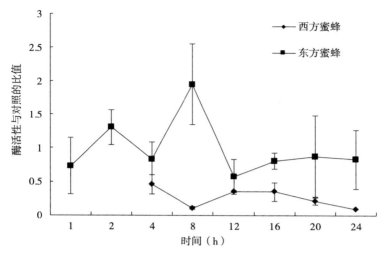

图 5-4　亚致死剂量的灭多威对东方蜜蜂和西方蜜蜂 AchE 的影响

头部的 AchE 活性增加外，其他时间酶活性均受到抑制。

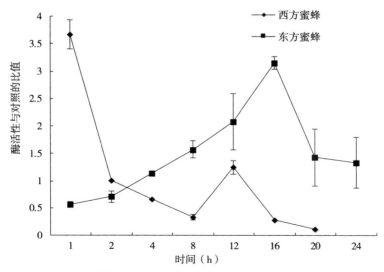

图 5-5　亚致死剂量的马拉硫磷对东方蜜蜂和西方蜜蜂 AchE 的影响

2.3 5种亚致死剂量的化学药剂对东方蜜蜂和西方蜜蜂的 CarE 活性影响

由图 5-6 至图 5-10 可以看出，LC_5 剂量的 5 种化学农药对东方蜜蜂和西方蜜蜂腹部 CarE 酶活性的影响不同，5 种农药对东方蜜蜂腹部 CarE 的影响均大，均可以诱导东方蜜蜂腹部 CarE 的增加，其中氟胺氰菊酯是先诱导再抑制。5 种化学农药均抑制西方蜜蜂体内的 CarE 的生成。

由图 5-6 可以看出，甲氰菊酯对东方蜜蜂腹部 CarE 的影响大，可达到 3.5 倍（2h）。除在 12h 甲氰菊酯抑制东方蜜蜂腹部 CarE 的产生外，其他时间均诱导其生成，酶活性均增加。甲氰菊酯对西方蜜蜂体内的 CarE 起着抑制作用，16h 时对 CarE 的抑制作用最强，随后抑制作用减弱，到 24h 时几乎不抑制。

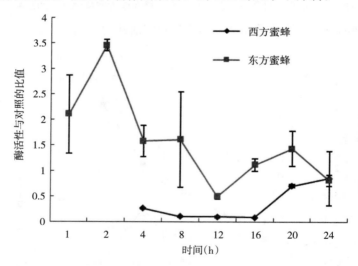

图 5-6　亚致死剂量的甲氰菊酯对东方蜜蜂和西方蜜蜂 CarE 的影响

由图 5-7 可以看出，氟胺氰菊酯对东方蜜蜂腹部 CarE 的影响大，可达到 1.67 倍（8h）。在前 8h 氟胺氰菊酯诱导东方蜜蜂腹部 CarE 的产生，酶活性呈增加趋势，8～20h 则抑制 CarE 的生成，酶活性下降，24h 时酶活性又增加。氟胺氰菊酯对西方蜜蜂体内的 CarE 起着抑制作用，12h 时对 CarE 的抑制作用最强，随后抑制作用减弱，到 20h 时几乎不抑制，24h 抑制作用又增强。

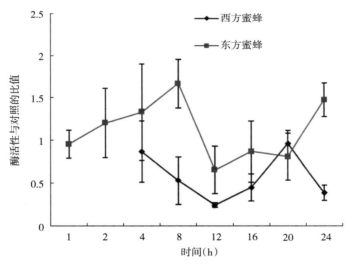

图 5-7 亚致死剂量的氟胺氰菊酯对东方蜜蜂和西方蜜蜂 CarE 的影响

由图 5-8 可以看出，LC_5 剂量的双甲脒对东方蜜蜂腹部 CarE 的影响大，可达到 1.73 倍（2h）。除 12h 和 24h 双甲脒对东方蜜蜂腹部 CarE 的产生稍有抑制外，其他时间均诱导其产生，随着时间的延长，诱导作用逐渐减弱。双甲脒对西方蜜蜂体内的 CarE 起着抑制作用，16h 时对 CarE 的抑制作用最强。

由图 5-9 可以看出，灭多威对东方蜜蜂腹部 CarE 的影响大，可达到 1.94 倍（8h）。除在 2h 和 8h 灭多威诱导东方蜜蜂腹部 CarE 的产生，酶活性增加外，其余时间则抑制 CarE 的生成，酶活性下降。灭多威对西方蜜蜂体内的 CarE 起着抑制作用，24h 时对 CarE 的抑制作用最强，酶活性仅为对照的 0.08 倍，抑制作用随时间略有变化。

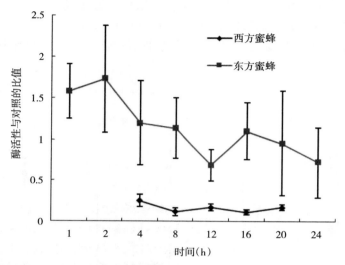

图 5-8　亚致死剂量的双甲脒对东方蜜蜂和西方蜜蜂 CarE 的影响

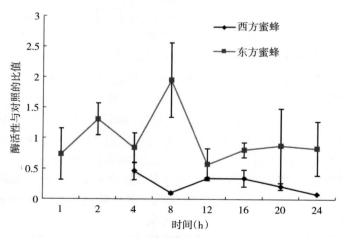

图 5-9　亚致死剂量的灭多威对东方蜜蜂和西方蜜蜂 CarE 的影响

由图 5-10 可以看出，马拉硫磷对东方蜜蜂腹部 CarE 的影响大，可达 2.62 倍（24h）。24h 内马拉硫磷均使东方蜜蜂腹部 CarE 的活性增加，其中 24h 时诱导作用最强，其次为 12h。马拉硫磷对西方蜜蜂体内的 CarE 起着抑制作用，除 4h 酶活性略有增加外，其他时间酶活性均降低，16h 后对 CarE 的抑制作用几乎没有变化。

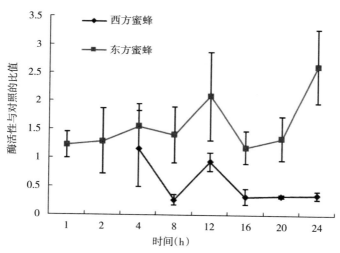

图 5-10　亚致死剂量的马拉硫磷对东方蜜蜂和西方蜜蜂 CarE 的影响

2.4　5 种亚致死剂量的化学药剂对东方蜜蜂和西方蜜蜂的 GST 活性影响

由图 5-11 至图 5-15 可以看出，亚致死剂量的 5 种农药对东方蜜蜂和西方蜜蜂腹部 GST 作用不同，除双甲脒对东方蜜蜂影响比对西方蜜蜂大外，其他药剂对西方蜜蜂的作用均强于东方蜜蜂。

对西方蜜蜂而言，除灭多威之外的 4 种化学药剂均抑制其 GST 活性，灭多威对西方蜜蜂是使用中期诱导，前期和后期抑制。随着时间的延长，马拉硫磷和氟胺氰菊酯抑制作用逐渐增强。

对东方蜜蜂而言，甲氰菊酯、灭多威能抑制东方蜜蜂腹部GST活性；双甲脒对东方蜜蜂能诱导其腹部产生 GST，马拉硫磷和氟胺氰菊酯对东方蜜蜂先抑制再诱导。

由图 5-11 可以看出，LC_5 剂量的甲氰菊酯能抑制东方蜜蜂和西方蜜蜂腹部 GST 活性，抑制作用随时间的延长逐渐减弱。除在 20h 诱导东方蜜蜂腹部 GST 的产生，酶活性增加外，其余时间则抑制 GST 的生成。施用 1h 时，甲氰菊酯对西方蜜蜂体内的 GST 抑制作用最强，随后抑制作用逐渐减弱，到 12h 时对GST 的抑制作用最弱，酶活性仅为对照的 0.6 倍。

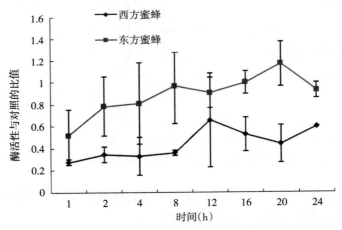

图 5-11　亚致死剂量的甲氰菊酯对东方蜜蜂和西方蜜蜂 GST 的影响

由图 5-12 可以看出，LC_5 剂量的氟胺氰菊酯在 16h 前能抑制东方蜜蜂腹部 GST 的生成，酶活性低于对照；16h 后则刺激GST 的生成，酶活性增加，24h 时酶活性最高。

LC_5 剂量的氟胺氰菊酯对西方蜜蜂腹部 GST 起着抑制作用，随着时间的延长抑制作用逐渐增强，到 12h 时抑制作用最强，处理组的 GST 酶活性仅为对照的 0.05 倍；以后抑制作用维持在 0.05～0.12 倍。

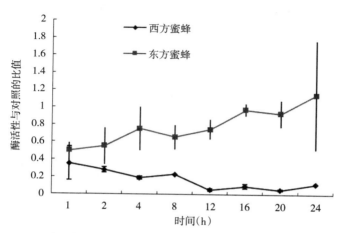

图 5-12 亚致死剂量的氟胺氰菊酯对东方蜜蜂和西方蜜蜂 GST 的影响

由图 5-13 可以看出，LC_5 剂量的双甲脒能诱导东方蜜蜂腹部产生 GST，对西方蜜蜂则起抑制作用。LC_5 剂量的双甲脒对东方蜜蜂腹部 GST 除在 2h 时作用不明显外，其他时间均使 GST 活性增强，其中在 20h 时诱导作用最强。

LC_5 剂量的双甲脒对西方蜜蜂腹部 GST 起着抑制作用，但抑制作用不强，随着时间的延长，抑制作用略有增强。

由图 5-14 可以看出，LC_5 剂量的灭多威能抑制东方蜜蜂腹部 GST 产生，对西方蜜蜂则既诱导又抑制。

LC_5 剂量的灭多威对东方蜜蜂腹部 GST 的抑制作用施用 1h 时最强，随后抑制作用逐渐减弱，在 4h、8h 和 12h 时几乎没有抑制，16h 后抑制作用缓慢的增强，酶活性缓慢下降。

LC_5 剂量的灭多威在刚施用 1h 时有一定的抑制作用，随后发挥诱导作用，到 8h 时诱导作用最强，处理组酶活性为对照组的 2.09 倍；随后诱导作用减弱，至 12h 时几乎没有诱导，16h

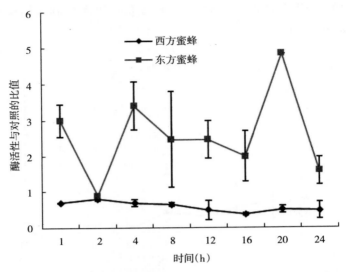

图 5-13　亚致死剂量的双甲脒对东方蜜蜂和西方蜜蜂 GST 的影响

酶活性略有增加；其后酶活性迅速下降，在 20h 时酶活性降至最低值 0.16 倍。

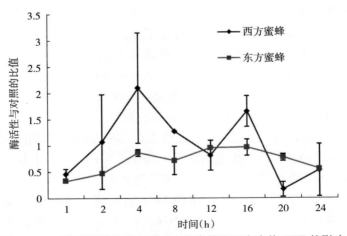

图 5-14　亚致死剂量的灭多威对东方蜜蜂和西方蜜蜂 GST 的影响

由图 5-15 可以看出，LC_5 剂量的马拉硫磷对东方蜜蜂先抑制再诱导，对西方蜜蜂则始终起着抑制作用。

LC_5 剂量的马拉硫磷在使用初期（8h 前）对东方蜜蜂腹部 GST 起着抑制作用，对东方蜜蜂腹部 GST 的抑制作用施用 1h 时最强，随后抑制作用逐渐减弱，在 4、12 和 20h 时几乎没有抑制，8、16 和 24h 时稍有诱导作用，酶活性略有增加。

LC_5 剂量的马拉硫磷对西方蜜蜂腹部 GST 始终起着抑制作用，随着时间的延长，抑制作用逐渐增强，20h 时抑制作用达到高峰，处理组酶活性仅为对照组的 0.1 倍。

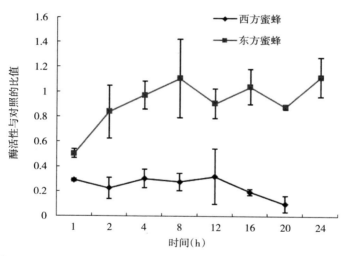

图 5-15　亚致死剂量的马拉硫磷对东方蜜蜂和西方蜜蜂 GST 的影响

2.5　5 种化学药剂对东方蜜蜂和西方蜜蜂的 CarE 离体抑制作用

由表 5-2 可以看出，灭多威对蜜蜂 CarE 的抑制能力强于马拉硫磷的抑制能力。两种农药对东方蜜蜂的抑制作用强于对西方蜜蜂的抑制。对东方蜜蜂而言，分别以 α-乙酸萘酯和 β-乙酸萘酯为底物，马拉硫磷的 I_{50} 是灭多威 I_{50} 的 65.7 和 69 倍。对西方蜜蜂而言，分别以 α-乙酸萘酯和 β-乙酸萘酯为底物，马拉硫磷的 I_{50} 是灭多威抑制终浓度（I_{50}）的 10.8 和 14.5 倍。

表 5-2　灭多威和马拉硫磷对东方蜜蜂和西方蜜蜂成年工蜂的抑制终浓度（I_{50}）

杀虫药剂	α-NA 羧酸酯酶（μmol/L）		β-NA 羧酸酯酶（μmol/L）	
	东方蜜蜂	西方蜜蜂	东方蜜蜂	西方蜜蜂
灭多威	1.212±0.107	2.216±0.058	1.710±0.319	2.116±1.215
马拉硫磷	79.668±41.330	23.999±15.345	117.984±23.829	30.756±4.562

由表 5-3 可以看出，相同浓度的 3 种杀螨剂对蜜蜂 CarE 的抑制能力不同，其中抑制能力最强的是甲氰菊酯。以 α-NA 为底物时，3 种杀螨剂对东方蜜蜂和西方蜜蜂的抑制能力顺序一致，依次为甲氰菊酯＞氟胺氰菊酯＞双甲脒。8.08μmol/L 的双甲脒不但不抑制东方蜜蜂 CarE 对 α-NA 的水解，反而诱导其活性增加。以 β-NA 为底物时，3 种杀螨剂对西方蜜蜂的抑制能力与 α-NA 为底物时的顺序一致，即甲氰菊酯＞氟胺氰菊酯＞双甲脒。而对东方蜜蜂的抑制能力则变为甲氰菊酯＞双甲脒＞氟胺氰菊酯。比较同一杀螨剂对两种蜜蜂 CarE 间的抑制作用发现，3 种杀螨剂对西方蜜蜂 CarE 的抑制能力均强于对东方蜜蜂的抑制。

表 5-3　3 种杀螨剂对东方蜜蜂和西方蜜蜂成年工蜂的 CarE 抑制程度

杀虫药剂	药剂终浓度（μmol/L）	α-NA 羧酸酯酶抑制率（%）		β-NA 羧酸酯酶抑制率（%）	
		东方蜜蜂	西方蜜蜂	东方蜜蜂	西方蜜蜂
双甲脒	8.08	−1.44±0.37	7.29±0.33	5.10±3.63	12.82±5.74
氟胺氰菊酯	8.08	12.89±3.53	26.68±2.31	3.89±2.20	29.71±3.21
甲氰菊酯	8.08	72.72±5.53	76.38±7.79	46.11±3.36	48.69±5.96

3 讨论

尽管杀虫剂在防治害虫、保护农作物方面发挥着积极作用，但由于无选择的滥用，对田间的有益昆虫和鸟类造成伤害，特别是蜜蜂，由于缺乏免疫系统，因而更易受到杀虫药剂的危害。有机磷农药、氨基甲酸酯和菊酯类农药是目前我国大田和果园中广泛使用的三大类化学农药，本文从这三大类农药中分别选用使用量较大的一种农药作代表，比较研究了马拉硫磷、灭多威、甲氰菊酯和两种养蜂业中常用的杀螨剂——氟胺氰菊酯和双甲脒对东方蜜蜂和西方蜜蜂的毒性，亚致死剂量的 5 种药剂对两种蜜蜂解毒酶系的影响及 5 种化学药剂对两种蜜蜂离体 CarE 的抑制作用。

关于 5 种农药对两种蜜蜂生物测定的结果表明，东方蜜蜂对化学农药比西方蜜蜂更敏感，这可能与其自身的长期的进化、分布和生物学特性有关。东方蜜蜂一直生活在南方偏远的山区和丘陵地带，多采集很少使用化学的野生植被。而西方蜜蜂由于其具有较高的经济价值，多分布在华北和北方的平原上，这些地区用药相对频繁密集，因而比东方蜜蜂具有更多的药物接触机会，从而对农药具有更高的耐受力。

5 种化学药剂亚致死剂量对东方蜜蜂和西方蜜蜂体内解毒酶影响的结果表明，亚致死剂量的 5 种化学药剂在 24h 内对东方蜜蜂和西方蜜蜂体内解毒酶的作用和影响不同，对东方蜜蜂体内 AchE 和 CarE 的影响大于对西方蜜蜂的影响，而对 GST 的影响则是西方蜜蜂大于东方蜜蜂，这说明，东方蜜蜂体内的 AchE 和 CarE 对亚致死剂量化学药剂的反应比西方蜜蜂更灵敏，而西方蜜蜂体内 GST 的反应则比东方蜜蜂灵敏。

由我们的试验结果可以看出，亚致死剂量的化学农药对蜜蜂体内解毒酶的影响是一个比较复杂的问题，不同的药剂作用方式不同，同一药剂作用于不同蜂种时作用方式和效果也不同。如亚致死剂量的甲氰菊酯和灭多威处理东方蜜蜂后，能在24h诱导头部AchE活性增加，CarE活性增加，抑制腹部GST活性，即处理后东方蜜蜂对甲氰菊酯和灭多威的靶标敏感度增加，对 α-NA的代谢能力增强，但GST的解毒作用减弱。而氟胺氰菊酯处理后，可使东方蜜蜂的靶标敏感度降低，CarE活性增加，GST活性先下降后增加。关于亚致死剂量的药剂能否改善蜜蜂的农药中毒情况，还需要用生物测定试验来验证。

刘波等（2003）用亚致死剂量（LD_{10}）的辛硫磷、马拉硫磷和灭多威处理棉铃虫（*Helicoverpa armigera*）3龄幼虫，在48h内，马拉硫磷和灭多威则可以诱导乙酰胆碱酯酶的比活力增加。这与我们关于马拉硫磷和灭多威对东方蜜蜂头部乙酰胆碱酯酶的研究结果相同。

姜卫华用低剂量（LD_{10} 和 LD_{25}）氟虫腈处理二化螟（*Chilo suppressalis*）后，敏感种群CarE活性比对照显著提高，表明低剂量氟虫腈对其酯酶诱导作用明显。亚致死浓度（LC_5）的阿维菌素和高效氯氰菊酯处理小菜蛾敏感品系和抗性品系后，敏感品系CarE活性上升，抗性品系CarE活性下降（夏冰等，2002）。表明亚致死浓度的阿维菌素和高效氯氰菊酯对小菜蛾GST和CarE这两种解毒酶的影响是一致的。对东方蜜蜂和西方蜜蜂体内CarE和GST的研究结果表明，东方蜜蜂、西方蜜蜂的情况与小菜蛾的敏感品系和抗性情况类似，即亚致死剂量的5种农药可以诱导东方蜜蜂腹部CarE的增加，使西方蜜蜂CarE活性下降。

梁沛用亚致死浓度（LC_5）的阿维菌素和高效氯氰菊酯处理小菜蛾敏感品系和抗性品系后发现，亚致死浓度（LC_5）的阿维菌素和高效氯氰菊酯对敏感品系GST活性有一定的诱导作用，而对抗性品系的GST活性有一定抑制作用。Rumpf（1997）用氯氰菊酯亚致死剂量处理褐蛉（*Micromus tasmaniae*）幼虫后，也发现其 GST 活性明显增加，而用苯氧威亚致死剂量处理后 GST 活性却明显降低。高希武等（1997）用 LD_5 剂量的对硫磷处理 3 龄棉铃虫幼虫 24h 后，发现 GST 活性与对照组没有显著差异，而灭多威处理组的 GST 活性则下降了 78％。笔者研究表明，亚致死剂量的灭多威均能使东方蜜蜂和西方蜜蜂体内 GST 活性下降，与其研究结果一致。

关于杀虫剂对昆虫的亚致死效应，过去多以群体的死亡率、繁殖率及生态行为学等方面的参数来评价和评估，而从更深层次的酶动力学及分子水平上对亚致死效应进行的研究在国内外还不是很多。深入研究农药在生态系统中的深远影响，探讨亚致死效应的生化、分子机制，对于合理使用杀虫剂、减少其不良副作用、协调生物防治和化学防治的关系将具有积极意义，是农药及昆虫毒力学的一个重要发展方向。

化学农药对蜜蜂的影响可以通过 3 个途径解决，①使用化学农药时，选择对害虫有杀伤力，而对蜜蜂无不良影响的药剂；②寻找对农药具有抗性的蜜蜂；③蜜蜂通过世代累积即进行耐药性选育，在遗传上对化学农药具有抗性。随着农药注册费用的增加，后两种方法逐渐引起广泛的关注。第二种方法已经有了相关报道，研究发现不同蜂种甚至同一蜂种的不同蜂群在对化学药剂的耐受力方面存在差异。Tahori 等（1969）已经报道了蜂群在二嗪磷的耐受力方面存在差异；差异主要与蜜蜂体内的多功能氧化酶有关（Smirle 等，1987）。Smirle（1990）的研究结果也表明，西方蜜蜂的蜂群在对二嗪磷、残杀威、阿特灵和甲萘威的耐受力上存在种群间的差异。西方蜜蜂蜂群对二嗪磷和残杀威的耐受力与多功能氧化酶和谷胱甘肽硫转移酶的活性呈正相关，对阿特灵的耐受力则与这两个酶呈负相关。本文的研究结果也表明，不同蜂种（东方蜜蜂和西方蜜蜂）对农药的耐受力不同。第三种方法也有相关报道，在加利福尼亚的柑橘园中，意大利蜜蜂已对 DDT 具有了耐药性，但耐药性水平在两个世代后并没有增加

（Atkins 等，1962），Grave 和 Mackensen 在路易斯安纳州的蜜蜂中也得出了相同的结论。Tucker（1980）报道，经过 11 个世代的选育，蜂王对氨基甲酸酯的耐药性增加，对同样的选择方法却没有增加工蜂的耐药性。因此要解决农药对蜜蜂的影响还有大量的工作要做。

第六章 总 结

1 总 结

本论文首次以东方蜜蜂和西方蜜蜂为对象，系统研究了解毒酶的测定方法、体躯和亚细胞分布、发育期变化规律，测定了5种化学农药对两种蜜蜂的急性毒性，并对亚致死剂量的化学农药对两种蜜蜂解毒酶的影响进行了比较研究，以期能从生化角度寻求到减少或降低蜜蜂中毒的方法，为保护蜜蜂、正确评价杀虫剂对蜜蜂的影响，特别是为我国中蜂的保护提供依据。

具体结果如下：

1）以底物浓度、反应温度、反应时间、pH 和酶浓度作因子，采用正交设计的方法确定西方蜜蜂（*Apis mellifera*）羧酸酯酶活性测定的最佳条件。结果表明各因子对反应体系酶活性的影响大小依次为 pH＞温度＞反应时间＞酶浓度＞底物浓度。蜜蜂羧酸酯酶的最佳反应条件为酶终浓度 0.3 个腹部/mL、底物终浓度 4×10^{-4} mmol/L、pH 7.0、温度 35℃、时间 10min。

2）以成年工蜂为例，比较研究了东方蜜蜂和西方蜜蜂解毒酶的体躯分布和亚细胞分布情况。头部是蜜蜂 AchE 活性最高的部位，活性显著高于胸部和腹部；CarE 主要集中在腹部，GST 活性主要集中于中肠。蜜蜂头部 AchE 的活性主要集中在线粒体层，CarE 和 GST 的活性主要存在于上清液中。东方蜜蜂和西方蜜蜂各躯段 CarE 与不同底物的亲和力不同。

3）不同发育期的东方蜜蜂和西方蜜蜂体内解毒酶系活性不同，GST 和 CarE 活性存在显著差异，AchE 活性差异不显著。随着发育时间的延长，东方蜜蜂 AchE 和 GST 活性随着发育进程呈增加趋势，西方蜜蜂工蜂体内 AchE 活性呈减少趋势。

随着日龄的变化，西方蜜蜂成年工蜂的解毒酶活性出现变动。其中 AchE 活性波动较大，从 1～24 日龄，AchE 和 CarE 有不重叠的几个峰出现。21 日龄时 GST 活性有一个大的突增。

不同蜂种的成年工蜂解毒酶系活性存在显著差异。西方蜜蜂雄蜂体内解毒酶活性均高于同期的工蜂。蜜蜂 CarE 对 β-NA 的代谢能力高于对 α-NA 的代谢。

4）东方蜜蜂和西方蜜蜂对 5 种化学药剂的敏感性不同，东方蜜蜂比西方蜜蜂更敏感。亚致死剂量的 5 种化学药剂在 24h 内对东方蜜蜂和西方蜜蜂解毒酶的作用和影响不同。农药对东方蜜蜂 CarE、AchE（马拉硫磷除外）的影响均大于对西方蜜蜂的影响，而对 GST 的影响则是西方蜜蜂的影响均大于东方蜜蜂（双甲脒除外）。

甲氰菊酯、灭多威和马拉硫磷能诱导东方蜜蜂头部 AchE 活性增加，抑制西方蜜蜂头部 AchE 活性增加。氟胺氰菊酯对西方蜜蜂头部 AchE 有诱导活性增加作用，对东方蜜蜂 AchE 的形成起抑制增加作用。双甲脒能诱导东方蜜蜂头部 AchE 活性增加，对西方蜜蜂头部 AchE 则影响不大。

5 种农药均可以诱导东方蜜蜂腹部 CarE 活性增加，其中氟胺氰菊酯是先诱导再抑制。5 种化学农药均抑制西方蜜蜂体内 CarE 的活性增加。

除灭多威之外的 4 种化学药剂均抑制西方蜜蜂 GST 活性增加，灭多威对西方蜜蜂是使用中期诱导，前期和后期抑制。随着时间的延长，马拉硫磷和氟胺氰菊酯抑制作用逐渐增强。

对东方蜜蜂而言，甲氰菊酯、灭多威能抑制东方蜜蜂腹部 GST 活性；双甲脒对东方蜜蜂能诱导其腹部 GST 活性增加，马拉硫磷和氟胺氰菊酯对东方蜜蜂腹部 GST 活性先降低再增加。

总之，本论文的研究为蜜蜂的保护研究提供了基础，但要彻底解决蜜蜂的农药中毒，仍需要进行大量的研究。

2 本研究的创新之处

本研究的创新之处主要有以下几方面：

1）首次对东方蜜蜂和西方蜜蜂毒理学特性进行了系统的比较研究。

2）首次从生化水平对东方蜜蜂毒理学特性进行了较系统的研究，包括东方蜜蜂解毒酶的体躯和亚细胞分布、发育期变化、亚致死剂量化学农药对其影响、西方蜜蜂群的杀螨剂对东方蜜蜂毒性等方面的研究均属首次。

3）首次对西方蜜蜂不同日龄的解毒酶活性进行跟踪测定，首次发现 21 日龄时蜜蜂 GST 活性激增。

4）首次采用正交实验方法确定了蜜蜂 CarE 的最佳反应体系。

5）首次对不同蜂种的解毒酶活性和性质进行了比较研究。

3 讨论

论文第四章蜜蜂不同发育期的羧酸酯酶测定中采用的缓冲液 pH 为 6.5，第三章体躯和亚细胞分布羧酸酯酶的测定采用的缓冲液 pH 为 7.0，比较这两章中东方蜜蜂和西方蜜蜂成年工蜂的羧酸酯酶结果发现，缓冲液 pH 对羧酸酯酶的影响很大，无论是东方蜜蜂还是西方蜜蜂，采用 pH 为 7.0 的缓冲液提取羧酸酯酶后，测得的酶活性均有不同程度的提高。这进一步验证了第二章中缓冲液的 pH 对蜜蜂羧酸酯酶影响大的结果。

以 α-NA 为底物时，采用 pH 为 7.0 的缓冲液提取羧酸酯酶后，西方蜜蜂羧酸酯酶提高的比例更高，由 0.210mmol/(min·mg)（表 4-2）提高到 2.440mmol/(min·mg)（表 3-1）。这表明，西方蜜蜂的羧酸酯酶对 α-NA 的反应更灵敏，这与第四章中西方蜜蜂工蜂成虫羧酸酯酶与 α-NA 的亲和力高的结论是一致的。

以 β-NA 为底物时，采用 pH 为 7.0 的缓冲液提取羧酸酯酶后，东方蜜蜂羧酸酯酶提高的比例更高，由 0.317mmol/(min·mg)（表 4-2）提高到 2.292mmol/(min·mg)（表 3-1）。由此可见，东方蜜蜂的羧酸酯酶对 β-NA 的反应更灵敏，这与第四章中东方蜜蜂工蜂成虫羧酸酯酶与 β-NA 的亲和力高的结论是一致的。

蜜蜂的解毒是一个很复杂的过程，从解毒酶的活性变化情况看，蜜蜂解毒酶活性是始终处于动态的变化过程，随发育期变化而变化的，因蜂种和性别而异。本论文涉及的 3 种解毒酶在同一时期处于不同的表达水平和阶段，如东方蜜蜂的幼虫期 AchE 和 GST 活性均最低，而 CarE 活性处于最高（β-NA 为底物）；蛹期 CarE 活性最低，而 GST 活性最高，AchE 活性处于中等水平。成虫期 AchE 活性最高，GST 活性处于中间水平，CarE 活性最高（α-NA 为底物）。西方蜜蜂的幼虫期 AchE 和 GST 活性均最高，而 CarE 活性处于中等水平；蛹期 CarE 活性最低，而 GST 和 AchE 活性处于中等水平。成虫期 CarE 活性最高，AchE 和 GST 活性最低。第五章中亚致死剂量的化学药剂对东方蜜蜂和西方蜜蜂解毒酶系的研究结果也表明，蜜蜂对化学农药的解毒是一个复杂的过程。同一种药剂对不同的解毒酶的作用不同，不同的农药对同一种解毒酶的作用也不同。

参 考 文 献

陈良燕，龚瑞忠，陈锐，1998. 三唑磷农药对三种非靶生物的毒性和安全评价研究. 农药科学与管理，66（2）：10-13.

陈锐，张爱云，龚瑞忠，等，1987. 化学农药对生态环境安全评价研究Ⅶ——化学农药对蜜蜂的毒性与评价. 农村生态环境（1）：12-15.

达旦父子公司，1981. 蜂箱与蜜蜂. 陈剑星，等，译. 北京：农业出版社.

党建友，李学锋，2005. 4 种农药对蜜蜂和家蚕的安全性评价. 安徽农业科学，33（1）：40-41.

段成鼎，2003. 中华蜜蜂与意大利蜜蜂比较生物学的研究. 福州：福建农林大学.

冯峰，1995. 中国蜜蜂病理及防治学. 北京：中国农业科学技术出版社.

高希武，赵颖，王旭，等，1998. 杀虫药剂和植物次生性物质对棉铃虫羧酸酯酶的诱导作用. 昆虫学报，41（增刊）：5-10.

高希武，董向丽，郑炳宗，等，1997. 棉铃虫的谷胱甘肽 S-转移酶（GST）：杀虫药剂和植物次生性物质的诱导与 GST 对杀虫药剂的代谢. 昆虫学报，40（2）：122-125.

高希武，郑炳宗，1991. 几种农药对蚜虫总羧酸酯酶的抑制和拟除虫菊酯的增效. 北京农业大学学报，17（4）：89-94.

高希武，1987. Gorun 等改进的 Ellman 胆碱酯酶活性测定方法介绍. 昆虫知识，24（4）：245-246.

高希武，周序国，王荣京，等，1998. 棉铃虫乙酰胆碱（AChE）的体躯分布及部分纯化. 昆虫学报，41（Supp）：19-25.

高希武，郑炳宗，陈仲兵，1996. 小菜蛾羧酸酯酶性质的研究. 南京农业大学学报，19（Supp）：122-126.

高宗仁，李巧丝，刘孝纯，1991. 杀虫剂对朱砂叶螨某些生物学特性的影响. 植物保护学报，18（3）：283-287.

龚瑞忠，陈锐，陈道基，1988. 灭幼脲 3 号杀虫剂对鱼、蜂安全评价研究．农业环境保护，7（3）：22-24.

古德就，Wright D J，Wagge J K，1995. 农药亚致死剂量对优姬蜂交配行为影响的研究．华南农业大学学报，16（2）：55-59.

姜卫华，韩召军，张国华，2004. 氟虫腈对二化螟抗、感种群的亚致死效应．南京农业大学学报，27（2）：51-54.

韩召军，张明，王荫长，等，1987. 五种蚜虫羧酸酯酶的活力和同功酶变异的初步研究．南京农业大学学报（4）：31-35.

冷欣夫，邱星辉，2000. 我国昆虫毒理学五十年来的研究进展．昆虫知识，37（1）：24-28.

李美，孙作文，王金信，等，2003. 十一种杀虫剂的亚致死剂量对中华草蛉幼虫结茧的羽化和影响．昆虫天敌，25（1）：20-23.

李腾武，高希武，郑炳宗，1999. 小菜蛾不同亚细胞层羧酸酯酶的性质研究．农药学学报，1（2）：47-53.

李向东，唐振华，1994. 马拉硫磷羧酸酯酶在小菜蛾幼虫抗药性中的作用．昆虫学研究集刊，11：1-10.

李旭涛，2001. 农药对蜜蜂生态环境的影响及保护对策．养蜂科技（1）：16-19.

历延芳，闫德斌，葛凤晨，2005. 蜜蜂为塑料大棚桃树授粉试验报告．蜜蜂杂志（6）：6-7.

历延芳，闫德斌，葛凤晨，2006. 蜜蜂为塑料大棚西瓜和田间西瓜授粉试验报告．蜜蜂杂志（1）：6-7.

梁沛，夏冰，石泰，等，2003. 阿维菌素和高效氯氰菊酯亚致死剂量对小菜蛾谷胱甘肽 S-转移酶的影响．中国农业大学学报，8（3）：65-68.

林玉锁，2000. 农药与生态环境保护．北京：化学工业出版社．

刘波，高希武，郑炳宗，2003. 抗胆碱酯酶剂亚致死剂量对棉铃虫毒力的影响及对乙酰胆碱酯酶的诱导作用．昆虫学报，46（6）：691-696.

刘小宁，史雪岩，梁沛，等，2004. 应用毛细管气相色谱法检测棉铃虫细胞色素 P450 O-脱甲基活性．昆虫知识，41（3）：232-235.

倪传华，刘合香，1995. 五氯酚钠对蜜蜂的毒性．农村生态环境学报，11（2）：62.

彭宇，王荫长，韩召军，等，2002. 二化螟体内乙酰胆碱酯酶的分布及纯化方法．昆虫学报，45（2）：209-214．

申继忠，1993．苏云金杆菌蜡螟亚种（*Bacillus thuringiensis* subsp. *galleriae*）对大蜡螟（*Galleria mellonella*）幼虫生理和代谢的影响．北京：中国农业大学．

申继忠，钱传范，张书芳，1994．亚致死剂量苏云金杆菌蜡螟亚种对大蜡螟幼虫酯酶活力的影响．生物防治通报，10（2）：72-75．

宋春满，邓建华，高家合，等，2001．云南烟蚜羧酸酯酶活力测定条件的研究．云南农业大学学报，16（4）：260-262．

孙耘芹，冯国蕾，袁家，等，1987．棉蚜对有机磷杀虫剂抗性的生化机理．昆虫学报，30（1）：13-18．

谭维嘉，王荷，曹煜，1988．棉蚜对溴氰菊酯不敏感性与水解酶的变化初探．植物保护学报，15（2）：135-138．

唐振华，2000．我国昆虫抗药性研究现状及展望．昆虫知识，37（2）：97-102．

唐振华，1993．昆虫抗药性及其治理．北京：农业出版社．

唐振华，周成理，1993．解毒酯酶在小菜蛾幼虫抗药性中的作用．昆虫学报，36（1）：8-13．

唐振华，庄佩君，韩启发，1988．上海地区菜缢管蚜对有机磷的抗药性及其生化检测．植物保护学报，15（1）：63-66．

王小艺，沈佐锐，2002．亚致死剂量杀虫剂对异色瓢虫捕食作用的影响．生态学报，22（12）：2278-2284．

王小艺，沈佐锐，徐文兵，等，2003．亚致死剂量杀虫剂对异色瓢虫繁殖力的影响．应用生态学报，14（8）：1354-1358．

威尔金逊ＣＦ，1985．杀虫药剂的生物化学和生理学．张宗炳，等，译．北京：科学出版社．

吴杰，周冰峰，彭文君，等，2004．蜜蜂为龙眼、荔枝授粉增产技术的研究．中国养蜂，55（5）：4-5．

吴声敢，王强，赵学平，等，2004．毒死蜱和甲氰菊酯对蜜蜂毒性与安全评价研究．农药科学与管理，25（1）：14-16，21．

夏冰，石泰，梁沛，等，2002．杀虫剂亚致死剂量对小菜蛾羧酸酯酶的影响．农药学学报，4（1）：23-27．

徐万林，1992．中国蜜粉源植物．哈尔滨：黑龙江科学技术出版社．

闫继红，刁青云，吴杰，等，2005. 浅谈中国养蜂业的可持续发展. 农业技术经济（1）：54-57.

杨俭美，缪建强，1992. 中蜂（*Apis cerana* Smith）和意蜂（*Apis mellifera* Linnaeus）乙酰胆碱酯酶（AChE）性质比较研究. 北京大学学报（自然科学版），28（6）：717-721.

姚洪渭，蒋彩英，叶恭银，等，2001. 白背飞虱羧酸酯酶与乙酰胆碱酯酶的体躯与亚细胞分布特征. 浙江大学学报，27（1）：5-10.

余林生，孟祥金，2001. 意大利蜜蜂与中华蜜蜂授粉生态之比较. 养蜂科技（6）：9-10.

张常忠，高希武，郑炳宗，2001. 棉铃虫谷胱甘肽 转移酶的活性分布和发育期变化及植物次生物质的诱导作用. 农药学学报（3）：30-35.

张红英，赤国彤，张金林，2002. 昆虫解毒酶系与抗药性研究进展. 河北农业大学学报，25（增刊）：193-195.

张善明，彭建新，余泽华，等，2000. 酶学分析在昆虫抗有机农药研究中的应用. 湖北农学院学报，20（3）：281-284.

张晓龙，赵彤言，董言德，等，2004. 北京地区德国小蠊（*Blattela germanica*）对氯菊酯抗性相关的钠通道基因点突变的研究. 寄生虫与医学昆虫学报，11（4）：230-234.

张莹，黄建，高希武，2005. 两种蜜蜂头部乙酰胆碱酯酶对杀虫药剂敏感度比较. 农药学学报，7（3）：221-226.

张珠凤，2001. 农药亚致死剂量对天敌昆虫的影响. 福建农业科技（6）：9-30.

章玉苹，黄炳球，2000. 吡虫啉的研究现状与进展. 世界农药，22（6）：23-28.

赵华，李康，吴声敢，等，2004. 毒死蜱对环境生物的毒性与安全性评价. 浙江农业大学学报，16（5）：292-298.

赵善欢，2001. 植物化学保护. 北京：中国农业出版社.

郑炳宗，高希武，王政国，等，1988. 北京及其河北北部瓜棉蚜对拟除虫菊酯抗药性的研究初报. 植物保护学报，15（1）：55-60.

郑明奇，邱立红，王成菊，等，2005. 9 种含阿维菌素或甲氨基阿维菌素的农药对蜜蜂安全性评价. 安徽农业科学，33（6）：980-981.

朱鲁生，王桂芝，徐玉新，1999. 甲氰菊酯、辛硫磷及其混剂对蜜蜂毒性及影响. 农业环境保护，18（4）：165-167.

朱树勋，邹丰，1993. 昆虫生长调节剂——卡死克（cascade）对几种寄生天敌效应的研究. 昆虫知识，30（3）：166-169.

Atkins L，1975. Injury to honey bee by poisoning//The Hive and the Honey Bee. Illinois：663.

Atkins E L，1992. Injury to honey bee by poisoning//Graham J E. The Hive and the Honey Bee. Dadant and Sons，Hamilton，1153-1208.

Atkins E L，Anderson L D，1962. DDT resistance in honey bee. J Econ Entomol，55：791-792.

Atkins E L，Kellum D，1985. Comparative morphogeniesis and toxicity studies on the effect of pesticides on honeybee brood. J Apic Res，24：245-255.

Atkins E L，Kellum D，Atkins K W，1981. Reducing Pesticide Hazardous to Honeybees. Mortality Prediction techniques and Integrated Management Strategies. Rev Ed Berkley，University of California.

Atkins E L，Greywood E A，Macdonld R L，1973. Toxicity of pesticides and other agricultural chemicals to honey bees：laboratory studies. Univ of Calif. Agri Extn，M-16（Rev）.

Banhen J O，Staek J D，1998. Multiple routes of pesticide exposure and the risk of the pesticides to biological controls：A study of neem and the seven spotted lady beetle（Coleoptera：Coccinellidae）. J Econ Entomol，91（1）：1-6.

Belzunces L P，Lenoir-Rousseaux J J，Bounias M，1988. Properties of acetylcholinesterase from *Apis mellifera* heads. Insect Biochem，18（8）：811-819.

Bendahou N，Bounias M，Fleche C，1999. Toxicity of cypermethrin and fenitrothion on the hemolymph carbohydrates，head acetylcholinesterase and thoracic muscle Na$^+$，K$^+$-ATPase of emerging honeybees（*Apis mellifera mellifera* L.）. Ecotoxicology and Environmental Safety，44（2）：139-146.

Bendahou N，Fleche C，Bounias M，1999. Biological and biochemical effects of chronic exposure to very low levels of dietary cypermethrin（Cymbush） on honeybee colonies （Hymenoptera：Apidae）．Ecotoxicology and Environmental Safety，44（2）：147-153.

Bounias M，Dujin N，Popeskovic D S，1985. Sublethal effects of a synthetic pyrethroid，deltamethrin，on the glycemia，the lipemia and the gut alkaline phosphatases of honeybees. Pestic Biochem Physiol，24：149-160.

Bounias M，Morgan R J，1987. The yearly honey productivity of hives as correlated to the glycemia of emerging working bee. Indian J Agric Chem，19：156-160.

Boyland E，Chasseaud L F，1969. The role of glutathione and glutathione S-transferases in mercapturic acid biosynthesis. Adv Eenzymol，32：173-219.

Bradford M M，1976. A rapid and sensitive method for the quantitation of microgram quantities of protein utilizing the principle of protein-dye binding. Annual of Biochemistry，72：248-254.

Brestkins A P，Maizel E B，Moralev S N，et al，1985. Cholinesterase of aphids-1：isolation，partial purification and some properties of cholinesterase from spring grain aphid *Schizaphis gramina*. Insect Biochem Mol Biol，15：309-314.

Brophy P M，Papadopoulos A I，Touraki M，et al，1989. Purification of cytosolic glutathione transferases from *Schistocephalus solidus*（pleroceroid）：interaction with anthelmintics and products of lipid peroxidation. Mol Biotechnol Parasitol，36：187-196.

Bull A L，Lindquist D A，1968. Cholinesterase in bollweevils *Anthonomus grandis*：I. Distribution and some properties of the crude enzymes. Comp Biochem Physiol，25：639-649.

Carrillo M C，Nokubo M，Kitani K，et al，1991. Age-related alterations of enzyme activities and subunits of hepatic glutathione S-transferases in male and female Fischer-344 rats. Biochem Biophys Acta，1077：325-331.

Chang C K，Clark A G，Fields A，et al，1981. Some properties of glutathione S-transferases from the larvae of *Galleria mellonella*. Insect Biochem，11：179-186.

Chein C，Dauterman W C，1991. Studies on glutathione S-transferase in *Helicoverpa zea*. Insect Biochem，21（8）：857-864.

Chen W, Sun C N, 1994. Purification and characterization of carboxylesterase of a rice brown planthopper *Nilaparvata lugens* Stal. Insect Biochem Mol Biol, 24: 347-355.

Chien C, Dauterman W C, 1991. Studies on glutathione S-transferase in *Helicoverpa zea*. Insect Biochem, 21: 857-864.

Clark A G, 1989. The comparative enzymology of the glutathione S-transferases from non-vertebrate organisms. Comp Biochem Physiol, 92 B: 419-446.

Clark A G, Dick G L, Martinale S M, et al, 1985. Glutathione S-transferases from the New Zealand grass grub, *Costelytra zealandica*: their isolation and characterization and the effect on their activity of endogenous factors. Insect Biochem, 15: 35-44.

Cohen A J, Smith J N, Trubert H, 1964. Comparative detoxication 10. The enzymatic conjugation of chlorocompounds with glutathione in locusts and other insects. Biochem J, 90: 457-463.

Cox R L, Wilson W T, 1984. Effects of permethrin on the behavior of individually tagged honey bees, *Apis mellifera* L. (Hymenoptera: Apidae). Environmental Entomology, 13: 375-378.

Croft B A, Van de Bann H E, 1988. Ecological and genetic factors influencing evolution of pesticide resistance in tetranychid and phytoseiid mites. Experimental and Applied Acarology, 4: 277-300.

Decourtye A, Devillers J, Cluzeau S, et al, 2004. Effects of imidacloprid and deltamethrin on associative learning in honeybees under semi-field and laboratory conditions. Ecotoxicology and Environmental Safety, 57 (3): 410-419.

Delabie J, Christian B, Caroline F, 1985a. Toxic and repellent effects of cypermethrin on the honeybee laboratory glasshouse and field experiments. Pesticides, 16: 409-415.

Delabie J, Christian B, Caroline F, 1985b. Toxic and effects of cypermethrin on the honeybee. Pesticides, 19: 9-12.

Deng F, Kriton K H, 2002. Characterization and safener induction of multiple glutathione S-transferase in three genetic lines of rice. Pesticide

Biochem. Physiolo，72：24-39.

Delpuech J M，Bruno L，Odette T，et al，1999. Modifications of the sex pheromonal communication of *Trichogramma brassicae* by a sublethal dose of deltamthrin. Chemosphere，38（4）：729-739.

Devonshire A L，1975. Studies of the acetylcholinesterase from houseflies resistant and susceptible to organophosphorus insecticide. Biochem J，149：463-469.

Devonshire A L，Moores G D，1982. A carboxylesterase with broad substrate specificity causes organophosphorus，carbamate and pyrethriod resistance in peaph-potato aphids（*Myzus persicae*）. Pestici Biochem Physiol，18：235-246.

Dirk D，Lange U，1995. Regional，seasonal and sex dependent differences in biotransformation enzymes activities of Dab（*Limande limande* L.）from German Bight. Marine Environmental Research，39（1-4）：350.

Doctor J，Fristrom D，Fristrom J W，1985. The pupal cuticle of Drosophila：biphasic synthesis of pupal cuticle proteins in vivo and in vitro in response to 20-hydroxyecdysone. J Cell Biol，101：189-200.

Elzen G W，2001. Lethal and sublethal effects of insecticide residues on *Orius insidiosus*（Hemiptera：Anthocoridae）and *Geocoris punctipes*（Hemiptera：Lygaeidae）. J Econ Entomol，94（1）：55-59.

Elzen G W，Elzen P J，1999. Lethal and sublethal effects of selected insecticide on *Geocoris punctipes*（Abstract）. Southwest Ent，24（3）：199-205.

FAO，1981. Plant production and protection. Second expert consultation on environment criteria for registration of pesticides，FAO，Rome：28.

Feng Q L，Davey K G，Pang A S D，et al，1999. Glutathione *S*-transferase from the spruce budworm，*Choristoneura fumiferana*：identification，characterization，localization，cDNA cloning and expression. Insect Biochem. Physiol，29：779-793.

Fernadez N，Omar G，1997. New indications of decrease in the effiency of the active ingredient fluvalinate. Boletín del Colminar，4：10-11（in Spanish）.

Fiedler L, 1987. Assessment of chronic toxicity of selected insecticides to honeybees. J Apic Res, 26: 115-122.

Forlin L, Lemaire P, Livingstone D R, 1995. Comparative studies of hepatic xenobiotic metabolizing and antioxidant enzymes in different fish species. Marine Environmental Research, 39: 201-204.

Fournierd, Bride J M, Poirie M, et al, 1992. Insect glutathione S-transferases: biochemical characteristics of the major forms from houseflies susceptible and resistant to insecticides. J Biol Chem, 267: 1840-1845.

Fournier D, Mutero A, 1994. Minireview: modification of acetylcholinesterase as a mechanism of resistance to insecticides. Comp Biochem Physiol, 108c (1): 19-31.

Gao J R, Zhu K Y, 2001. An acetylcholinesterase purified from the greenbug (*Schizaphis gramina*) with some unique enzymological and pharmacological characteristics. Insect Biochem Mol Biol, 31: 1095-1104.

Gaelle L G, Bride J M, Cuany A, et al, 2001. The sibling species *Drosophila melanogaster* and *Drosophila simulans* differ in the expression profile of glutathione S-transferases. Comp Biochem Physiol, 129 B: 837-841.

Gnagey A L, Forte M, Rosenberry T L, 1987. Isolation and characterization of acetylcholinesterase from *Drosophila*. J Biol Chem, 262: 13290-13298.

Gorun V, Proinov I, Baltescu V, et al, 1978. Modified Ellman procedure for assay of cholinesterases in crude enzymatic preparations. Annual Biochemistry, 86 (1): 324-326.

Grant D F, Matsumura F, 1989. Glutathione S-transferase 1 and 2 in susceptible and insecticide resistant *Aedes aegypti*. Pesticide Biochem Physio, 33: 132-143.

Grave J B, Mackensen O, 1965. Topical application and insecticide resistance studied on the honey bee. J Econ Entomol, 58: 990-993.

Gregus Z, Varga F, Schmelas A, 1985. Age-development and inducibility of hepatic glutathione S-transferase activities in mice, rats, rabbits and guinea-pigs. Comp Biochem Physiol, 80C: 85-90.

Gu Dejiu, et al, 1991. The effects of sublethal doses of insecticides on the foraging behaviour of parasitoid *Diaeretiella rapar* (HYM, Braconidae). Acta Ecologica Sinica, 11 (4): 324-330.

Gu D J, Wagge J K, 1990. The effects of insecticides on the distribution of foraging parasitoid, *Diaeretiella rapar* (HYM, Braconidae). Entomophaga, 35 (1): 49-56.

Gunning R V, Moores G D, Devonshire A L, 1998. Insensitive acetylcholinesterase and resistance to organophosphates in Australian *Helicoverpa armigera*. Pestic Biochem Physiol, 62: 147-151.

Habibulla M, Newburgh R W, 1973. Studies of acetylcholinesterase of the central nervous system of *Galleria mellonella*. Insect Biochem, 3: 231-242.

Habig W H, Pabst M J, Jakoby W B, 1976. Glutathione S-transferase AA from rat liver. Arch Biochem Biophys, 175: 710-716.

Habig W H, Pabst M J, Jakoby W B, 1974. Glutathione S-transferases. The first enzymatic step in mercapturic acid formation. J Biol Chem, 249: 7130-7139.

Haider R, Ahmed I, John A, 2004. Tissue specific expression and immunohistochemical localization of glutathione S-transferase in streptozotocin induced diabetic rats: Modulation by *Momordica charantia* (Karela) extract. Life Sciences, 74: 1503-1511.

Hama H, 1983. Resistance to insecticide due to reduced sensitivity of acetylcholinesterase. In: Pest Resistance to Pesticide. New York: Plenum Press, 299-331.

Hama H, Hosoda A, 1983. High aliesterase activity and low acetylcholinesterase sensitivity involved in organophosphorus and carbamate resistance of the brown planthopper. Applied Entomology Zooology, 18 (4): 475-485.

Haynes K F, 1988. Sublethal effects of insecticides on the behavioral responses of insects. Annual Review of Entomology, 33: 149-168.

Hazelton G A, Lang A, 1983. Glutathione S-transferase activities in the yellow-fever mosquito [*Aedes aegypti* (Louisville)] during growth and aging. Biochem J, 210: 281-287.

Hirthe G , Thomas C F, Mark C, et al, 2001. Short-term exposure to sub-lethal dose of lindane affects developmental parameters in *Chironomus riparius* Meign, but has no effect on larval glutathione-*S*-transferase activity. Chemosphere, 44: 583-589.

Iwasa T, Motoyama N, Ambrose J T, et al, 2004. Mechanism for the differential toxicity of neonicotinoid insecticides in the honey bee, *Apis mellifera*. Crop Protection, 23 (5): 371-378.

Johansen C A, 1977. Pesticides and pollinators. Ann Rev Entomol, 22: 177-180.

Johansen C A, Merle G K, 1972. Insecticide formulations and their toxicity to honeybees. Journal of Apicultural Research, 11 (1): 59-62.

Kazer I K, Archer T E, Norman E G, et al, 1974. Honeybee pesticide mortality: intoxication versus acetylcholinesterase concentration. J Api Res, 13 (1): 55-60.

Kral K, Schneider L, 1981. Fine structural localization of acetylcho-linesterase activity in the compound eye of the honeybee (*Apis mellifera* L.) . Cell Tiss Res, 221: 351-359.

Kral K, 1984. Occurance and distribution of acetylcholinesterase in the ocellar nerve tract of the honeybee (*Apis mellifera* L.) . Zool J Physiol, 88: 405-414.

Kostaropoulos I, Mantzari A E, Papadopoulos A I, 1996. Alterations of some glutathione *S*-transferase characteristics during the development of *Tenebrio molitor* (Insecta: Coleoptera) . Insect Biochem Mol Biol, 26: 963-969.

Kostaropoulos I, Papadopoulos A I, Metaxakis A, et al, 2001. Glutathione *S*-transferase in the defense against pyrethroids in insect. Insect Biochem Mol Biol, 31: 313-319.

Kotze A C, Rose H A, 1989. Purification and properties of glutathione *S*-transferases from the larvae of the Australian sheep blowfly, *Lucilia cuprina*. Insect Biochem, 19: 703-713.

Laec Kotze A C, Rose H A, 1987. Glutathione *S*-transferase in the Australian sheep blowfly *Lucilia cuprina* (Wiedemann) . Pesticide

Biochem Physio, 29: 77-86.

ke K V, Degheele D, Auda M, 1989. Effects of a sublethal dose of chitin synthesis inhibitors on *Spodoptera exigua* (Hübner) (Lepidoptera: Noctuidae) . Parasitica, 45 (4): 90-98.

Liu, T X, Stansly P A, 1997. Effects of pyriproxyfen on three species of Encarsia (Hymenoptera: Aphelinidae), endoparasitoids of *Bemisia argentifolii* (Homoptera: Aleyrodidae) . Journal of Economic Entomology, 90 (2): 404-411.

Loglio G, Plebani G, 1992. Valatazione dell ' efficacia dell ' Apistan. Apicoltore Moderno, 83: 95-98.

MacKenzie K, Winston M L, 1989. Effects of sublethal exposure to diazinon and temporal division of labor in the honeybee. J Econ Entomol, 82: 75-82.

Mamood A N, Waller G D, 1990. Recovery of learning responses by honeybees following a sublethal exposure to permethrin. Physiol Entomol, 15: 55-60.

Mannervik B, Lin P, Guthenberg C, et al, 1985. Identification of three classes of cytosolic glutathione transferases common to several mammalian species: correlation between structural data and enzymatic properties. Proc Natl Acad Sci U S A, 82: 7202-7206.

Massoulie J, Pezzementi L, Bon S, et al, 1993. Molecular and cellular biology of cholinesterases. Prog Neurobiol, 41 (1): 31-91.

Matheson A, 1993. World bee health report. Bee World, 74: 176-212.

Mclellan L I, Hayes J D, 1987. Sex-specific constitutive expression of the pre-neoplastic marker glutathione *S*-transferase, YfYf, in mouse liver. Biochem J, 245: 399-406.

M'diaye K, Bounias M, 1993. Time-and dose-related effects of the pyrethroid fluvalinate on haemolymph carbohydrates and gut lipids of honeybees following in vivo injection of very low doses. Biochem Environ Sci, 6: 145-153.

Melanson S W, Yun C H, Pezzementi M L, 1985. Characterization of acetylcholinesterase activity from *Drosophila melanogaster*. Comp

Biochem Physiol, 81C: 87-96.

Meller V H, Davis R L, 1996. Biochemistry of insect learning: lessons from bees and flies. Insect Biochem Mol Biol, 26 : 327-335.

Motogoyam L R, Kao P, Lin T, et al, 1984. Dual role of esterase in insecticide resistance in the green rice leafhopper. Pestic Biochem Physiol, 32: 139-147.

Motoyaman N, Dauterman W C, 1980. Glutathione S-transferases: their role in the metabolism of organophosphorus insecticides. Rev Biochem Toxicol, 2: 49-69.

Murphy S D, 1986. Casarett and Doull's Toxicology: The Basic Science of Poisons. 3rd ed. New York: Macmillan Publishing Co.

Nandihalli B S, Patil B V, Hugar P, 1992. Influence of synthetic pyrethriods usage on aphid resurgence in cotton. Karnataka Agri Sci, 5 (3): 234-237.

Nation J L, Robinson F A, Yu S J, et al, 1986. Influence upon honeybees of chronic exposure to very low levels of selected insecticides in their diet. J Apic Res, 25: 170-177.

Nemoto H, 1993. Mechanism of resurgence of the diamondback moth, *Plutella xylostella* (L) (Lepidoptera: Yponomeutidae) . Japan Agricultural Research Quarterly, 27 (1): 27-32.

Orchard I, 1980. The effect of pyrethroids on the electrical activity of neurosecretory cells from the brain of *Rhodnius prolixus*. Pestic. Biochem. Physiol, 13: 220-227.

Papadopoulos A I, Polemitou I, Laifi P, et al, 2004a. Glutathione S-transferase in the insect *Apis mellifera macedonica*. Kinetic characteristics and effect of stress on the expression of GST isoenzymes in the adult worker bee. Comp. Biochem. Physiol, 139C: 93-97.

Papadopoulos A I, Polemitouc E, Laifi P, et al, 2004b. Glutathione S-transferase in the developmental stages of the insect *Apis mellifera macedonica*. Comp. Biochem. Physiol, 139C: 87-92.

Parkman J P, Skinner J A, Studer M D, 1999. Comparative efficacy of alternative honeybee mite treatments with an emphasis on formic acid gel activity over time. American Bee Journal, 139: 314.

Perveen F, 2000. Sublethal effects of chlorfluzuron on reproductivity and viability of *Spodoptera litura* (F.) (Lep, Noctuidae). J Appl Entomol, 124: 5-6, 223-231.

Pimentel D, 1975. Ecological effecta of pesticides on non-target species, Executive office of the president Office of Science and Technology, U S Government printing office, Washington D C. In John Wiley and Sons.

Polyzou A, Debras J F, Belzunces L P, 1997. Changes in acetylcholinesterase during pupal development of *Apis mellifera* queen. Arch Insect Biochem. Physiol, 36: 69-84.

Reidy G F, Rose H A, Visetson, et al, 1990. Increased glutathione S-transferase activity and glutathione content in an insecticide-resistant strain of *Tribolium castaneum* (Herbst). Pestic Biochem Physiol, 36: 269-276.

Rieth J P, Levin D L, 1988. The repllent effect of two pyrethroid insecticides on the honeybee. Physiol Entomol, 13: 213-218.

Ritter W, 1981. Varroa diseases of the honeybee *Apis mellifera*. Bee World, 62: 141-153.

Rockstein M, 1950. The relation of cholinesterase activity to change in cell number with age in the brain of adult worker honeybee. J Cell Comp Physiol, 35: 11-24.

Rumpf S, Hetzel F, Frampton C, 1997. Lacewings (Neuroptera: Hemerobiidae and Chrysopidae) and integrated pest management: enzyme activity as a biomarker of sublethal insecticide exposure. J Econom Entomol, 90 (1): 102-108.

Schricker B, Stephen W P, 1970. The effect of sublethal doses of parathion on honeybee behavior. I. Oral administration and the communicat dance. J Apic Res, 9: 141-153.

Shafeek A, Jaya P R, Hariprasad R G, et al, 2004. Alterations in acetylcholinesterase and electrical activity in the nervous system of cockroach exposed to the neem derivative. azadirachtin Ecotoxicology and Environmental Safety, 59 (2): 205-208.

Shoemaker D D, Dietrick D D, Cysyk R L, 1981. Induction and development of mouse liver glutathione *S*-transferase activity. Experimentia, 37: 445-446.

Singh G J P, Orchard I, 1982. Is insecticide-induced release of insect neurohormones a secondary effect of hyperactivity of the central nervous system? Pestic Biochem Physiol, 17: 232-240.

Singhal S S, Saxena H, Ahmad H, et al, 1992. Glutathione *S*-transferase of mouse liver: sex-related differences in the expression of various isozymes. Biochem Biophys Acta, 1116: 137-146.

Shires S W, Bennet D, Debary P, et al, 1984. The effects of large scale aerial applications of the pyrethroid insecticides on foraging bees. Cinquième symposium international sur la pollinisation. les colloques de 1 INRA. September, 21: 169-173.

Shoemaker D D, Dietrick D D, Cysyk R L, 1981. Induction and development of mouse liver glutathione *S*-transferase activity. Experientia, 37: 445-446.

Shour M H, Crowder L A, 1980. Effects of pyrethroid insecticides on the common green lacewing. J Econ Entomol (73): 306-309.

Siefried B D, Scott J G, 1990. Properties and inhibition of acetylcholinesterase in resistant and susceptible German cockroaches (*Blattella germanica* L.) Pestic. Biochem Physiol, 38: 122-129.

Smirle M J, 1990. The influence of detoxifying enzymes on insecticide tolerance in honey bee colonies (Hymenoptera: Apidae). J Econ Entomol, 83 (3): 715-720.

Smirle M J, 1993. The influence of colony population and brood rearing intensity on the activity of detoxifying enzymes in worker honey-bees. Physiol Entomol, 87: 420-424.

Smirle M J, Winston M L, 1987. Intercolony variation in pesticide detoxification by the honeybee (Hymenoptera: Apidae). J Econ Entomol, 80: 5-8.

Smirle M J, Wisnton M L, 1988. Detoxifying enzyme-activity in worker honey bees. An adaptation for foraging in contaminated ecosystems. Can J Zool, 66: 1938-1942.

Spearman M E, Lerbman K C, 1984. Effects of aging on hepatic and pulmonary glutathione *S*-transferase（E. C. 2. 5. 1. 18）activities in male and female Fischer 344 rats. Biochem. Pharmac，33：1309-1314.

Spollen K M，Isman M B，1996. Acute and sublethal effects of neem insecticide on the commercial biological control agents *Phytoseiulus persimilis*，*Amblyseius cucumeris*（Acari：Phytoseiidae）and *Aphidoletes aphidimyza*（Diptera：Cecidomyiidae）. J Econ Entomol，89（6）：1379-1386.

Stapel J O，Cortesero A M，Lewis W J，2000. Disruptive sublethal effects of insecticides on biological control：altered foraging ability and life span of a parasitoid after feeding on extrafloral nectar of cotton treated with systemic insecticides. Biological Control，17（3）：243-249.

Stephen W P，Schricker B，1970. The effect of sublethal doses of parathion on honeybee behavior. Ⅱ. Site of parathion activity and signal integration. J Apic Res，9：155-164.

Southwick E E，Southwick J L，1992. Estimating the economic value of honey bees（Hymenoptera：Apidae）as agricultural pollinators in the United States. Journal of Economic Entomology，85（3）：621-633.

Stone J C，Abramson C L，Prince J M，et al，2001. Task dependent Effects of Dicofol（*Kelthane*）on Learningin the honeybee（*Apis mellifera* L）. J Econ Entomol，94（1）：187-190.

Surendra B N，Surendra Kumar R P，1999. Toxic inpact of organophosphorus insecticides on acetylcholinesterase activity in the silkworm，*Bombyx mori* L. Ecotoxicology and Environmental Safety，42：157-162.

Tabashnik D E，1994. Evolution of resistance to *Bacill us thuri ngiensis*. Annual Review Entomol，39 ：47-49.

Tahori A S，Sobel Z，Soller M，1969. Intercolony variation in pesticide detoxification by the honey bee（Hymenoptera：Apidae）. Entomol Exp Appl（12）：85-98.

Tahori A S，Sobel Z，Solle Mr，1969. Valiability in insecticide tolerance of eighteen honey bee colonies. Entomol Exp Appl，12：85-89.

Tamer Ç，Jepson P C，1995. The risks posed by deltamethrin drift to hedgerow butterflies. Environmental Pollution，87（1）：1-9.

Tang F Y, Yongde, 2000. The relationships among mixture function oxid, GST and phoxin resistance in *Helicoverpa armigera*. Pesticide Biochemistry Physiology, 68 (2) : 96-101.

Tarès S, Bergé J B, Amichot M, et al, 2000. Cloning and Expression of Cytochrome P450 Genes Belonging to the CYP4 Family and to a Novel Family, CYP48, in Two Hymenopteran Insects, *Trichogramma cacœciae* and *Apis mellifera*. Biochemical and Biophysical Research Communications, 268 (3): 677-682.

Taylor P, Radic Z, 1994. The cholinesterases: from genes to proteins. Annu Rev Pharmacol Toxicol, 34: 281-320.

Tee L B, Gilmore K S, Meyer D J, et al, 1992. Expression of glutathione S-transferase during rat liver development. Biochem J, 282: 209-218.

Toutant J P, 1989. Insect acetylcholinesterase: catalytic properties, tissue distribution and molecular forms. Prog Neurobiol, 32: 385-392.

Trouiller J, 1995. Monitorisierung der Apistan-Wirksamkeit im Süden Europe. In Kongressband zum 24. Internationalem Bienenzüchterkongress-Programm und Kurzfassung der Referate: 109.

Tucker K W, 1980. Tolerance to carbaryl in honey bees increased by selection. American Bee Journal, 120: 36-46.

Umoru P A, Powell W, Clark S J, 1996. Effect of pirimicarb on the foraging behaviour of *Diaeretiella rapae* (Hymenoptera: Braconidae) on host-free and infested oilseed rape plants. Bulletin of Entomological Research, 86 (2): 193-201.

Vandame R, Meled M, Colin M E, et al, 1995. Alteration of the homing-flight in the honey bee *Apis mellifera* L. exposed to sublethal dose of deltamethrin, Environ Toxicol Chem, 14 (5): 855-860.

Vandame R, Belzunces L P, 1998. Joint actions of deltamethrin and azole fungicides on honey bee thermoregulation. Neuroscience Letters, 251 (1): 57-60.

Watkins M. Resistance and the relevance to beekeeping, 1996. Bee World, 77: 15-22.

Wood E, Casabe N, Melgar F, et al, 1986. Distribution and properties of glutathione S-transferase from *T. infestans*. Comp Biochem Physiol B, 84 (4): 607-617.

Xu G, Bull D L, 1994. Acetylcholinesterase from the horn fly (Diptera: Muscidae): distribution and purification. J Econ Entomol, 87: 20-26.

Yu S J, 1995. Tissue-specific expression of glutathione S-transferase isoenzymes in fall armyworm larvae. Pesticide Biochem. Physio, 53: 164-171.

Yu S J, 1996. Insect glutathione S-transferases. Zool. Studies, 35 (1): 9-19.

Yu S J, 2002. Biochemical characteristics of microsomal and cytosolic glutathione S-transferase in larvae of the fall army, *Spodoptera frugiperda* (J. E. Smith). Pestic Biochem Physio, 72: 100-110.

Yu S J, Robinson F A, Nation J L, 1984. Detoxication capacity in the honey bee, *Apis mellifera* L. Pestic Biochem Physiol (22): 360-368.

Zhu K Y, Brindley W A, Hsiao T H, 1991. Isolation and partial purification of acetylcholinesterase from *Lygus Hesperus* Knight (Hemipytera: Miridae). J Econ Entomol, 84: 790-794.